普通高等教育“十三五”规划教材

现代工程制图实训

第二版

赵仁高　苏　燕　主编

·北京·

本实训与苏燕、赵仁高、主编的《现代工程制图》第二版配套使用。

内容包括：制图基本知识与技能、正投影的基础知识、AutoCAD基础、立体的投影、组合体的视图、机件的表达方法、标准件与常用件、零件图、装配图及化工制图。内容的选编首先以实用、够用为度，精选精练题例，做到一课一练；融素质教育与应试教育于一体，注重学生学习能力、分析思考能力和动手能力的培养；同时重点突出、层次分明、做到步步提高。

本书可作为普通高等学校应用型本科和高职院校非机类、近机类各专业工程制图课程的配套习题集。

图书在版编目（CIP）数据

现代工程制图实训/赵仁高，苏燕主编. —2版. —北京：化学工业出版社，2019.1（2024.9重印）
普通高等教育“十三五”规划教材
ISBN 978-7-122-33307-0

Ⅰ.①现… Ⅱ.①赵…②苏… Ⅲ.①工程制图-高等学校-教学参考资料 Ⅳ.①TB23

中国版本图书馆CIP数据核字（2018）第259683号

责任编辑：高　钰
责任校对：王　静　　　　装帧设计：刘丽华

出版发行：化学工业出版社（北京市东城区青年湖南街13号　邮政编码100011）
印　　装：北京建宏印刷有限公司
787mm×1092mm　1/16　印张7¼　字数174千字　　2024年9月北京第2版第5次印刷

购书咨询：010-64518888　　售后服务：010-64518899
网　　址：http://www.cip.com.cn
凡购买本书，如有缺损质量问题，本社销售中心负责调换。

定　　价：21.00元

前　　言

依据教育部高等学校工科制图课程教学指导委员会所制定的“工程制图基础课程教学基本要求”，并参考最新国家标准及课程教学改革实践的成功经验，我们对《现代工程制图实训》进行了修订。本书是苏燕、赵仁高主编的《现代工程制图》第二版的配套习题集。

本次修订全部采用最新的《技术制图》《机械制图》及其他国家标准和行业标准，AutoCAD《现代工程制图实训》为AutoCAD 2016版本，工艺流程图和设备布置图采用最新标准《化工工艺设计施工图内容和深度统一规定》（HG/T 20519—2009）；对部分习题内容进行优化，更有利于培养学生的空间思维力。

本书由赵仁高、苏燕主编。参加这次修订工作的有：赵仁高（第一、七章），鲁杰（第二、五章），苏燕、王虹（第三、六、九、十章）、刘风霞（第四章）、陈蔚蔚（第八章）。限于编者的水平，本书疏漏和欠妥之处，敬请专家、同仁和读者批评指正。

编者

2018年8月

目　　录

1.1　字体练习

字体工整，笔画清楚，间隔均匀，排列整齐；横平竖直，
注意起落，结构均匀，填满方格。写字和画图同样重要。
机术制图零件图装配汉字数字拉丁字母标准规定严格执行
计算机技术数控机床车铣刨磨钻锻压铸造焊接自动化技术

1.1 字体练习（续）

ABCDEFGHIJKLMNOPQRSTUVWXYZ

abcdefghijklmnoqprstuvwxyz

Ⅰ Ⅱ Ⅲ Ⅳ Ⅴ Ⅵ Ⅶ Ⅷ Ⅸ Ⅹ

1 2 3 4 5 6 7 8 9 10 α β γ δ ε λ θ

1.2　图线练习

1. 在指定位置上抄画下列各种图线。

2. 以 O 为圆心，分别用粗实线、细点画线、虚线画出三个圆，其半径分别为 25、15、10。

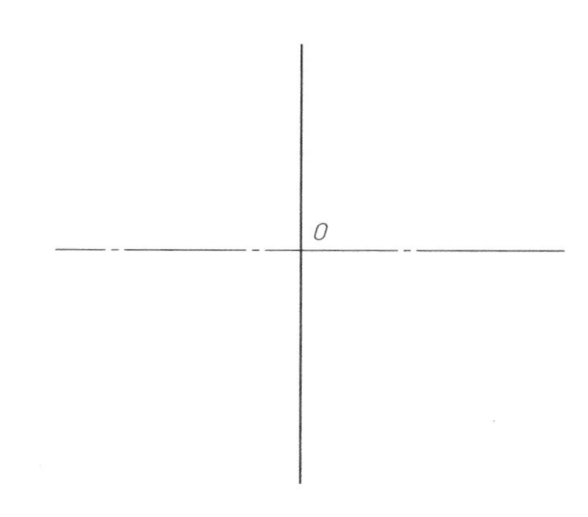

3. 根据图中尺寸抄画下列图形，并标注尺寸。

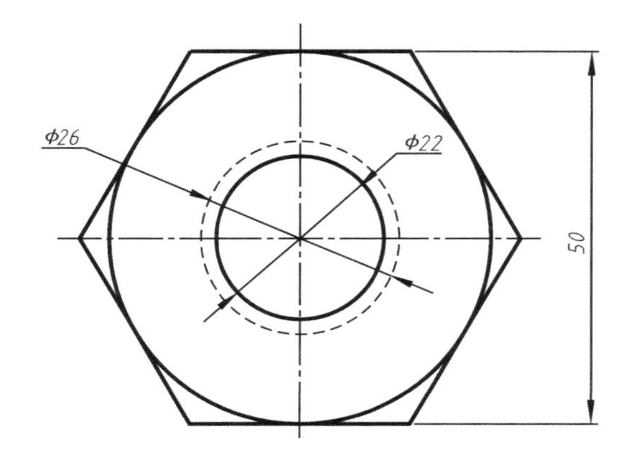

1.3　按国标要求标注下列图形的尺寸，尺寸数据从图中1∶1量取

1.

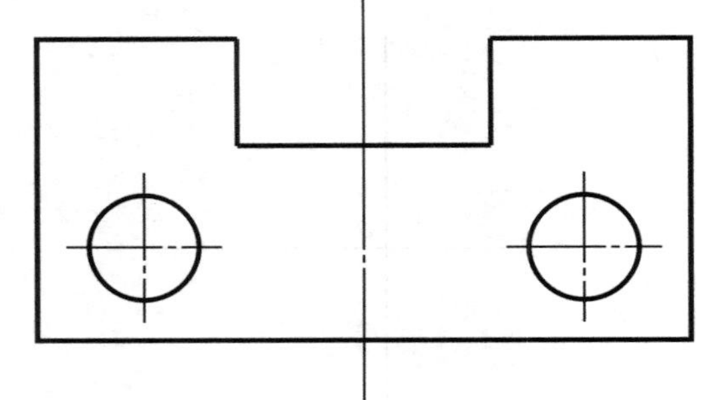

2.

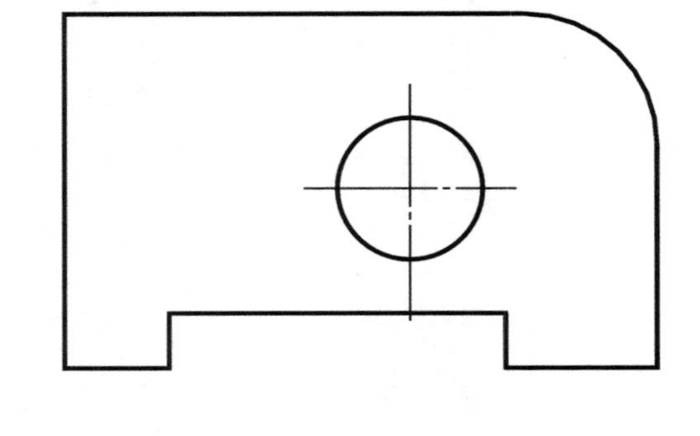

3.

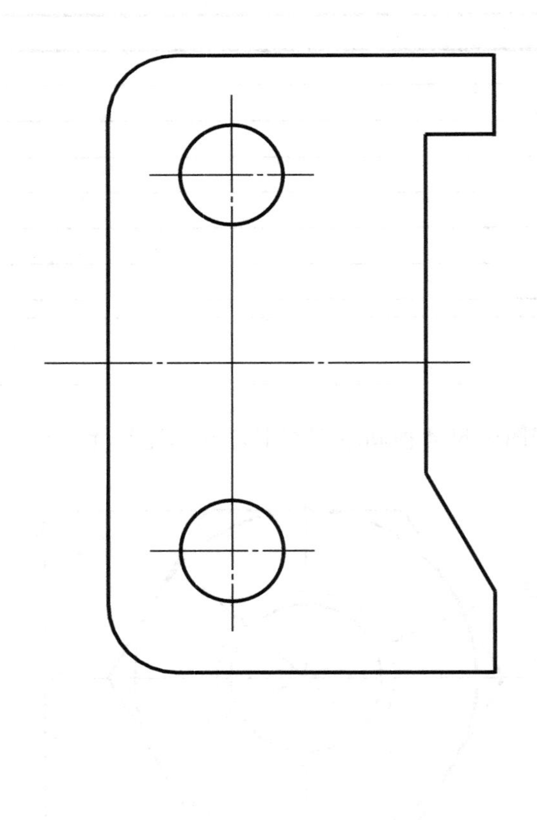

1.4　用几何法绘制椭圆

已知椭圆的长、短轴分别为70、45，分别用两种方法（同心圆法、四心圆法）绘制椭圆。

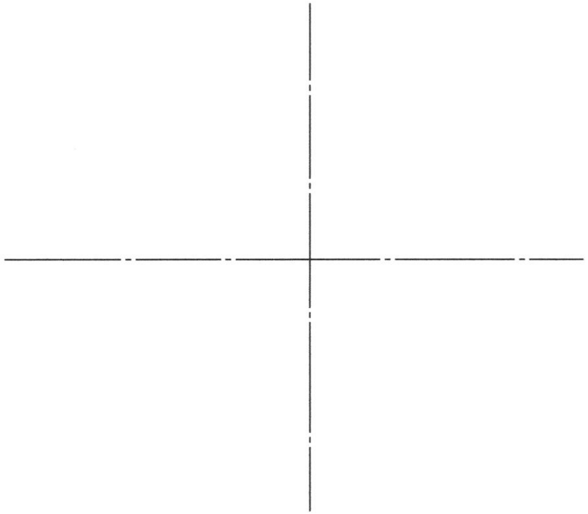

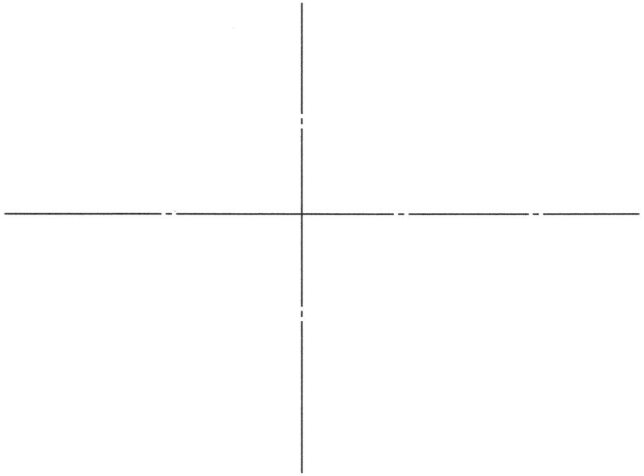

1.5 根据图中尺寸，按1：1的比例抄画下列图形

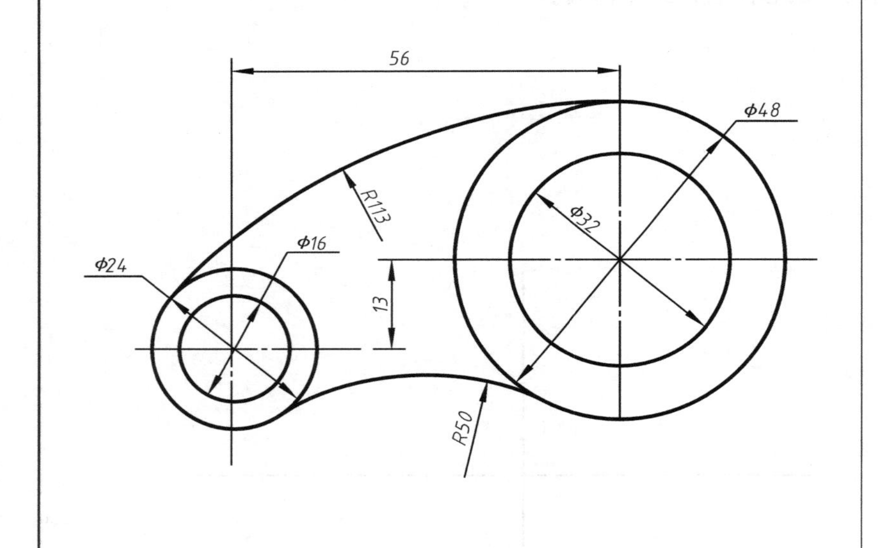

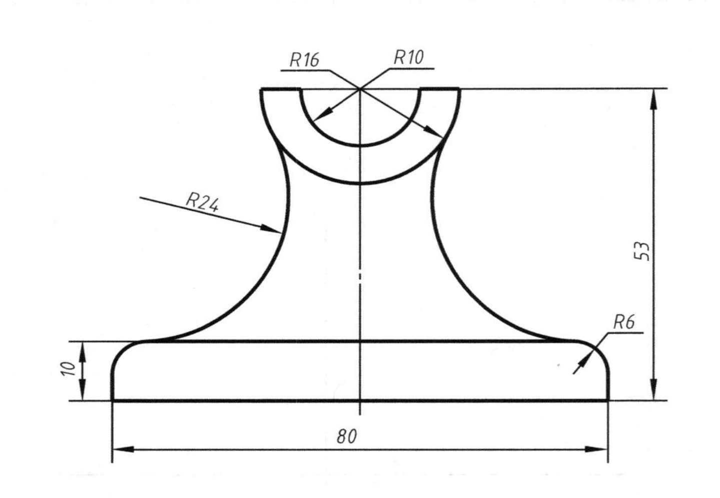

1.6　按给定尺寸用 1∶1 的比例画图

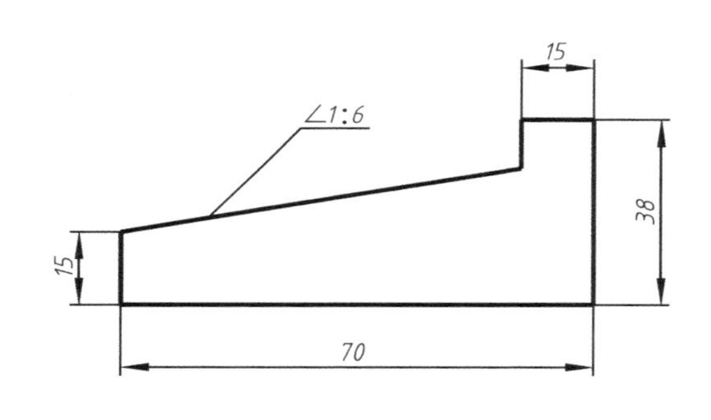

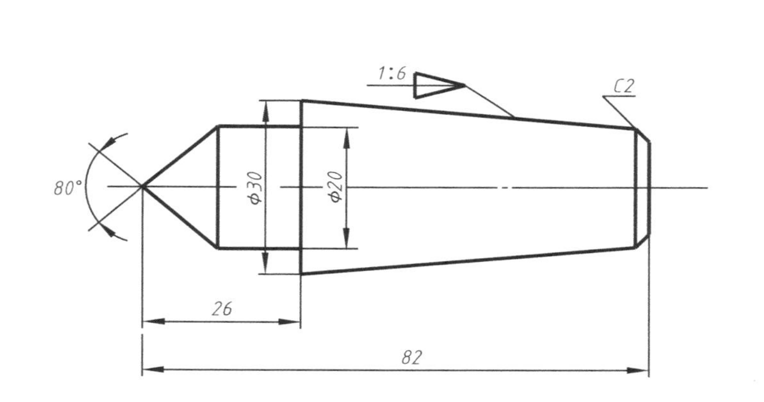

1.7　参照给出的平面图形，试用徒手绘图的方法，抄画下图并标注尺寸

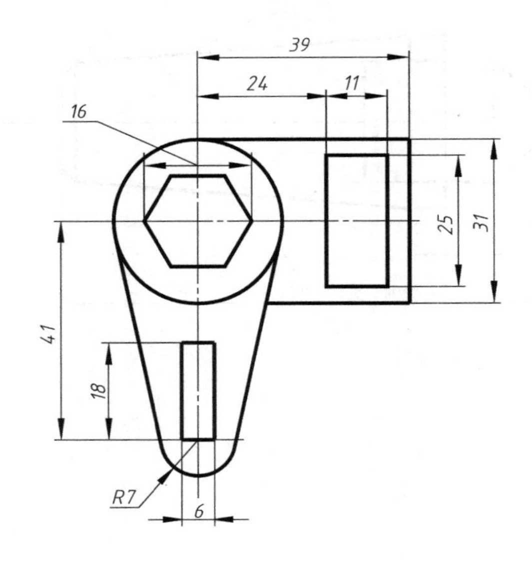

1.8 参照下图，根据所注尺寸按1∶1的比例将图形画在空白处，并回答图下问题

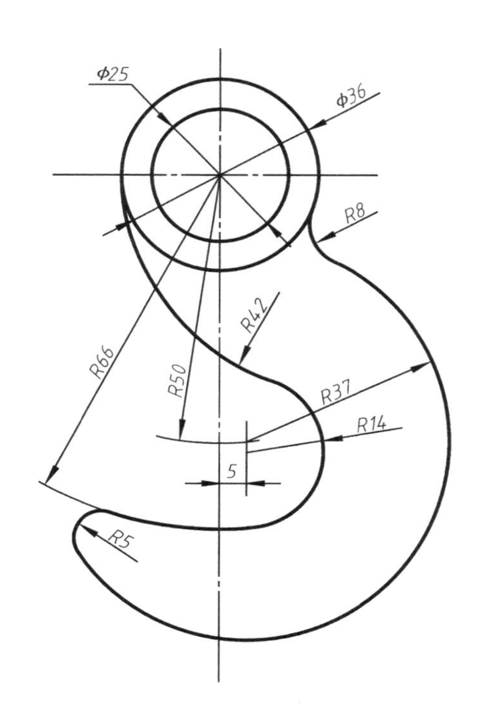

（1）分析图形，说明哪些线段是已知线段？哪些是中间线段？哪些是连接线段？

（2）图中哪些尺寸是定位尺寸？

1.9 在图纸上抄画下面的平面图形

作业指导书

一、内容

抄绘右侧所示平面图形。

二、目的

1. 掌握平面图形的尺寸分析、线段分析和圆弧连接的作图方法，进一步掌握国标规定的尺寸标注内容。

2. 学习图板绘图的基本步骤和方法，掌握各种绘图工具的使用技巧，进一步熟悉包括图幅、图框、标题栏等内容的图纸格式。

三、要求

1. 选用 A4 号图纸，竖放，绘图比例为 1∶1。

2. 图上所有内容均严格遵守“国标”规定。

3. 先用 H 型号、细线笔画底稿，底稿检查无误后方可描深。

4. 描深时应做到粗细线条深浅分明，同类线型粗、细一致，图面整洁清晰。

5. 标注全部尺寸。

6. 标题栏选用简化标题栏，用长仿宋体填写其内容。图名为“平面图形”。

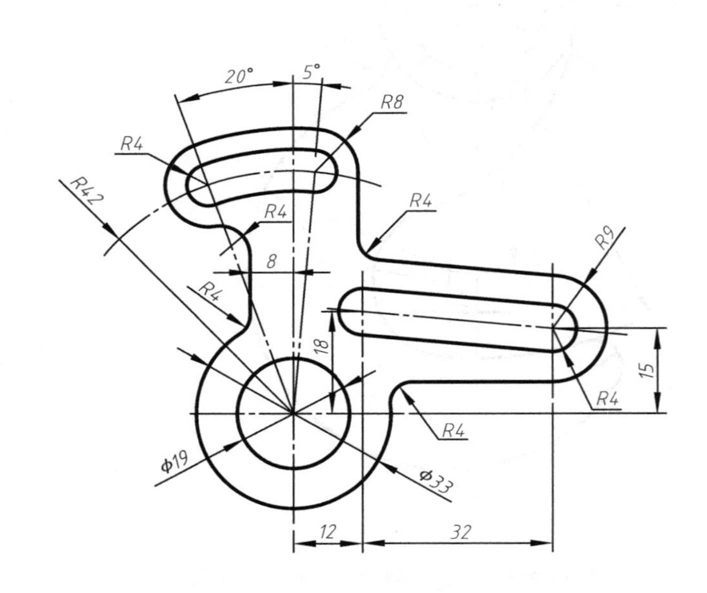

2.1 点的投影

1. 已知点的坐标，求点的三面投影：*A*（10、30、15）、*B*（25、0、30）、*C*（0、0、25）。

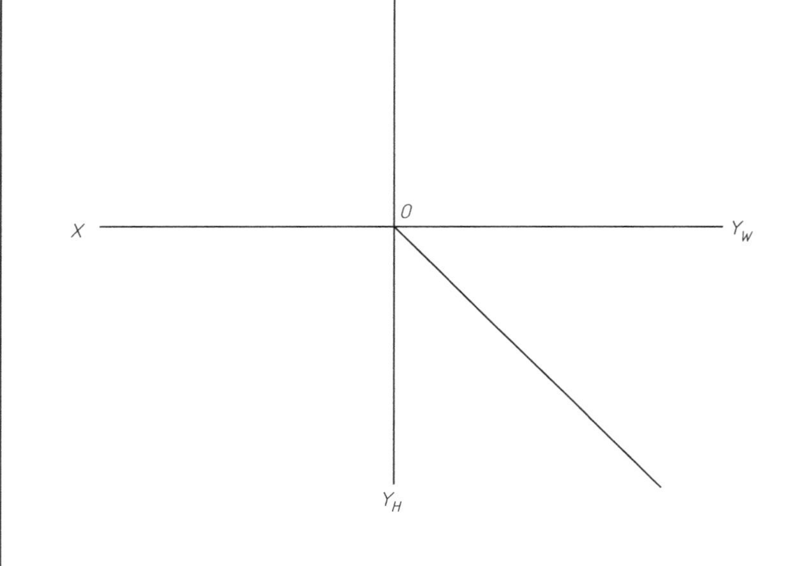

2. 已知 *A*、*B*、*C* 各点的两投影，求它们的第三投影。

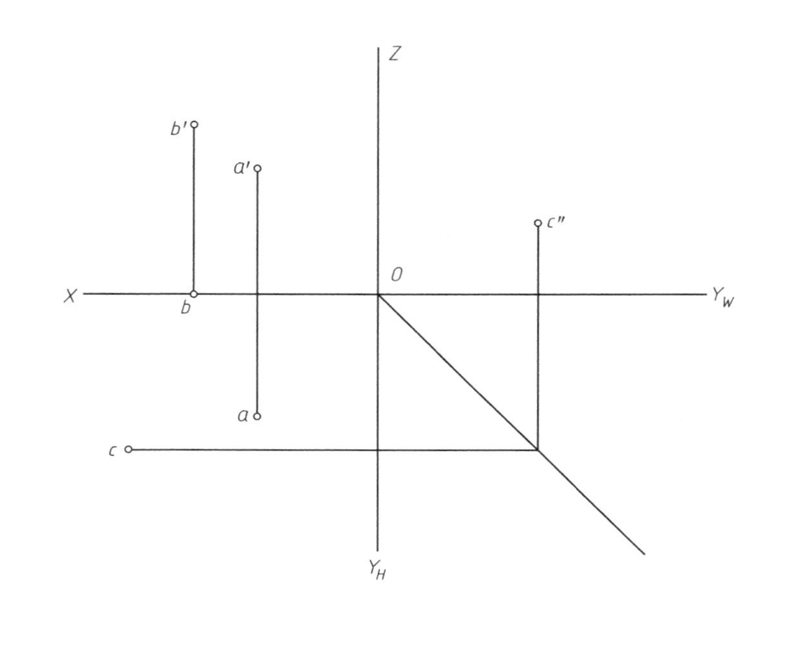

2.1　点的投影（续）

3. 根据各点投影写出其空间坐标，并完成题后的填空。

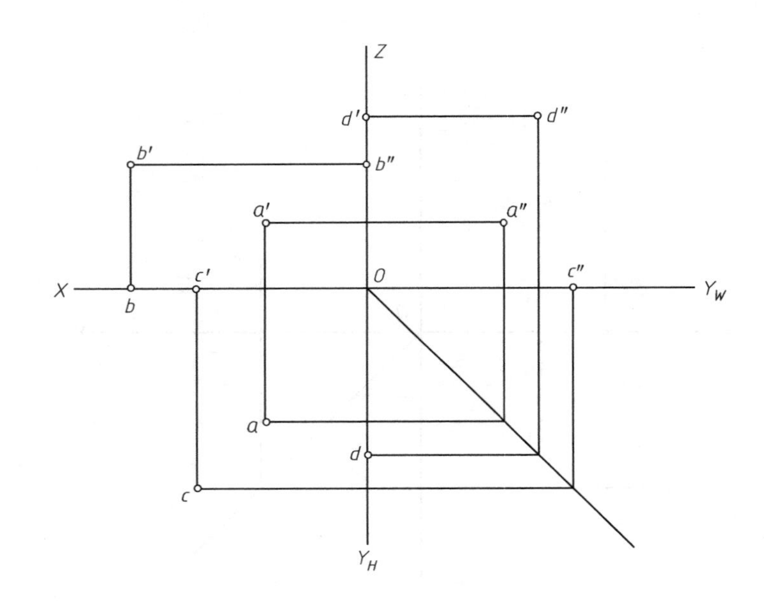

点 A 在空间，点 B 在______面上，点 C 在______面上，点 D 在______面上，A 点在 B 点的______、______、______方。

4. 已知点 B 相对 A 点的坐标差分别为 10、−5、8，试完成 A、B 两点的三面投影。

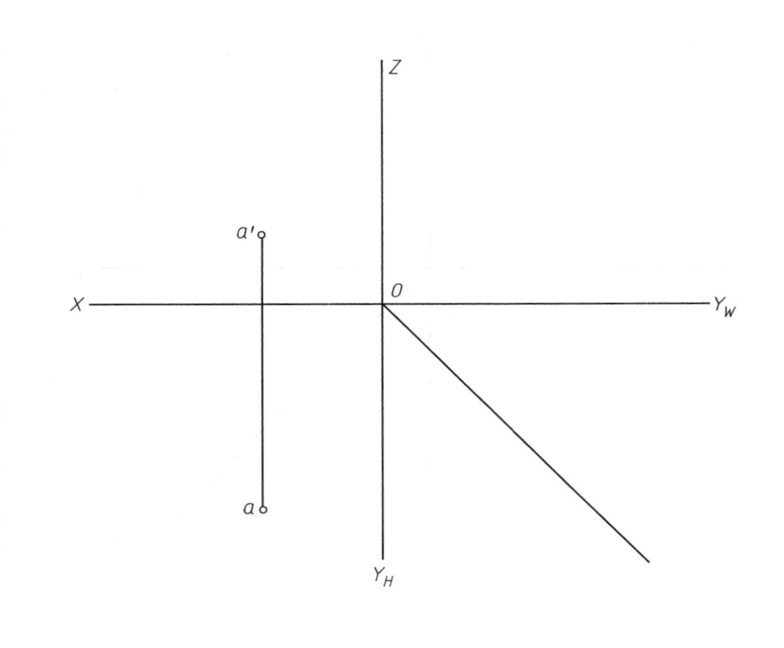

2.1　点的投影（续）

5. 按要求画出 A、B、C、D、E 各点的三面投影，并表明可见性。

（1）B 点在 A 点的正右方 10mm。

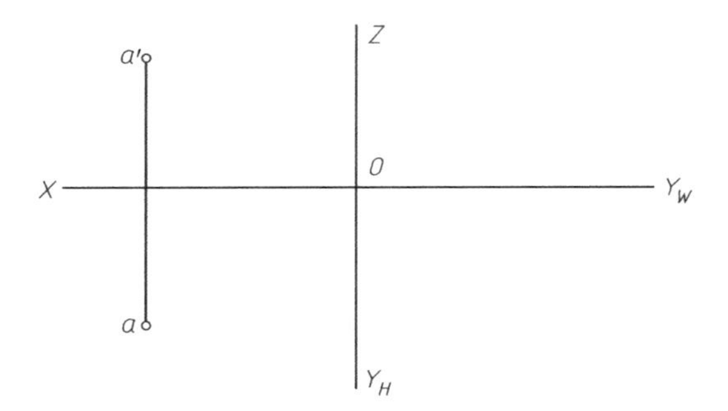

（2）C 点在 A 点的正下方 8mm。

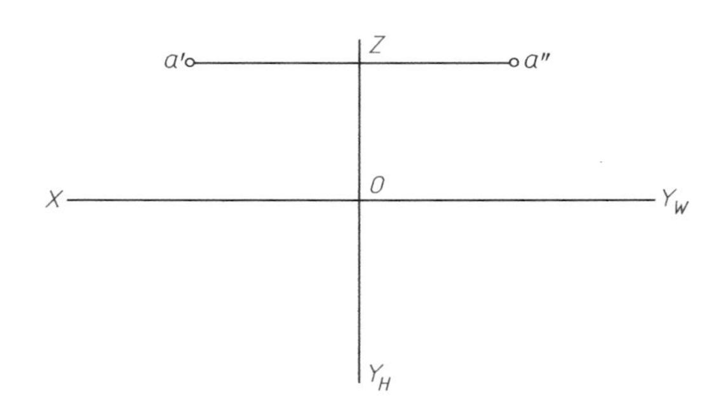

（3）D 点在 A 点的正后方 6mm。

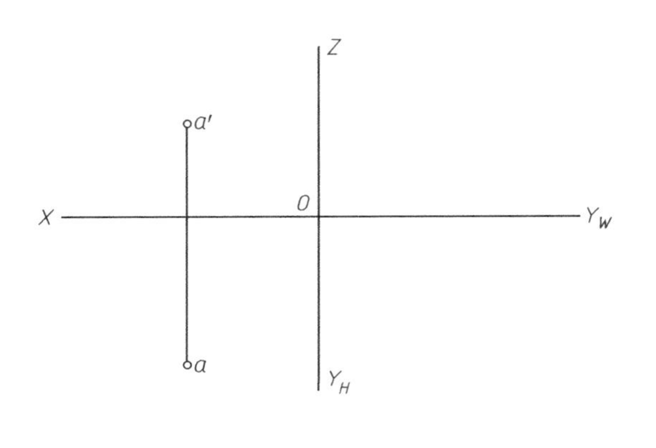

（4）E 点在 A 点的正前方 10mm。

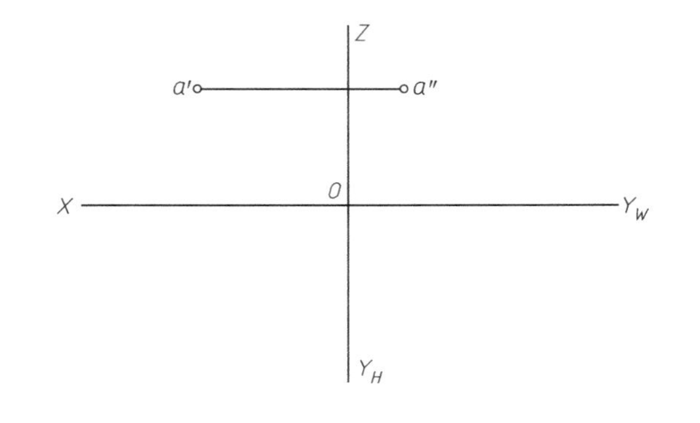

2.1 点的投影（续）

6. 已知 A 点的坐标（30、15、5），按要求画出 A、B、C 三点的三面投影。

B 点在 A 点之右 20，之前 15，之上 20。

C 点在 A 点之左 5，之后 15，之上 10。

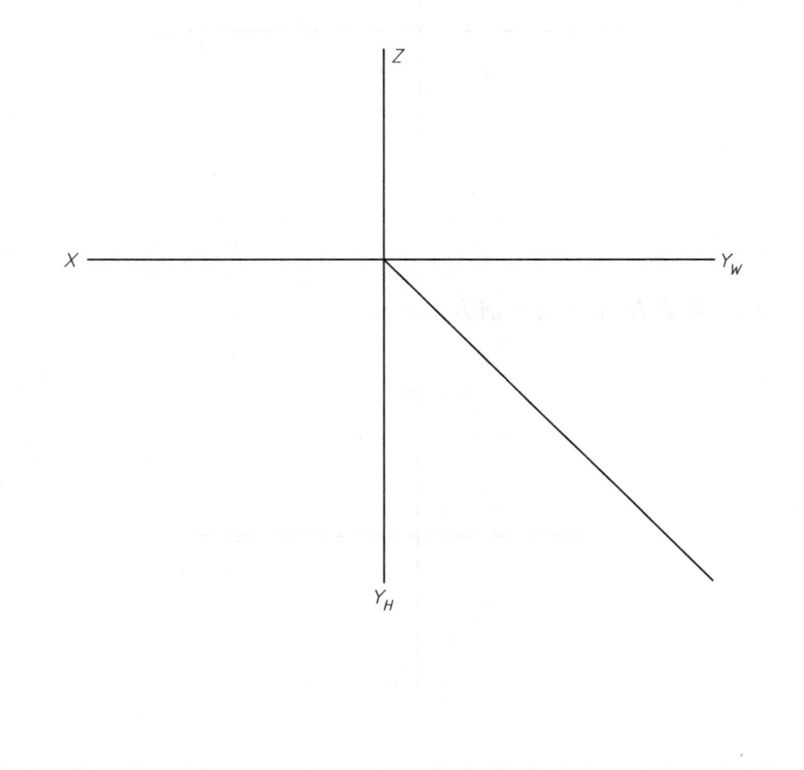

7. 已知 A 点和 C 点的三面投影，若要使 A、B 对称于 C 点，求作 B 点的三投影。

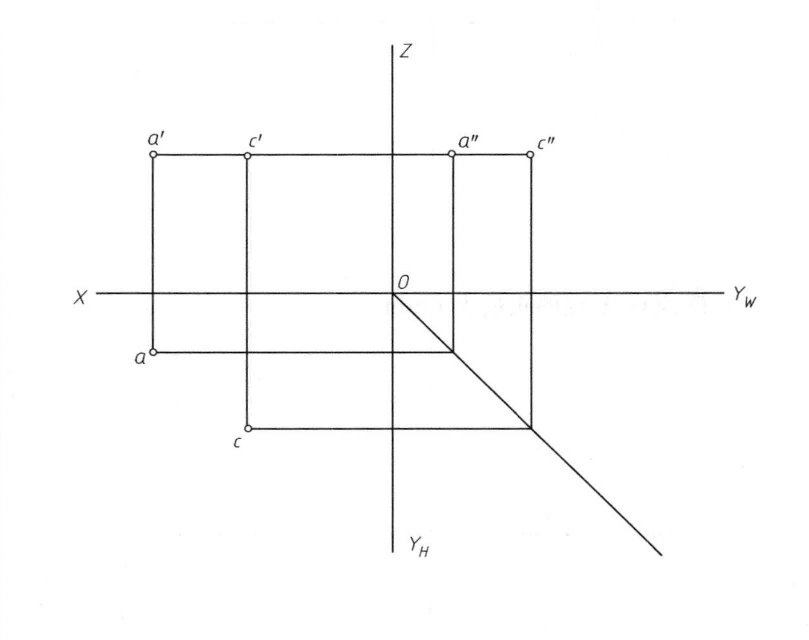

2.2　直线的投影

1. 已知直线 AB 两端点的坐标为：A（15，20，10），B（25，30，25）。试完成直线 AB 的三面投影。

2. 根据给出的两面投影，判断下列直线相对投影面的位置。
AB 是________线，CD 是________线，
EF 是________线，MN 是________线。

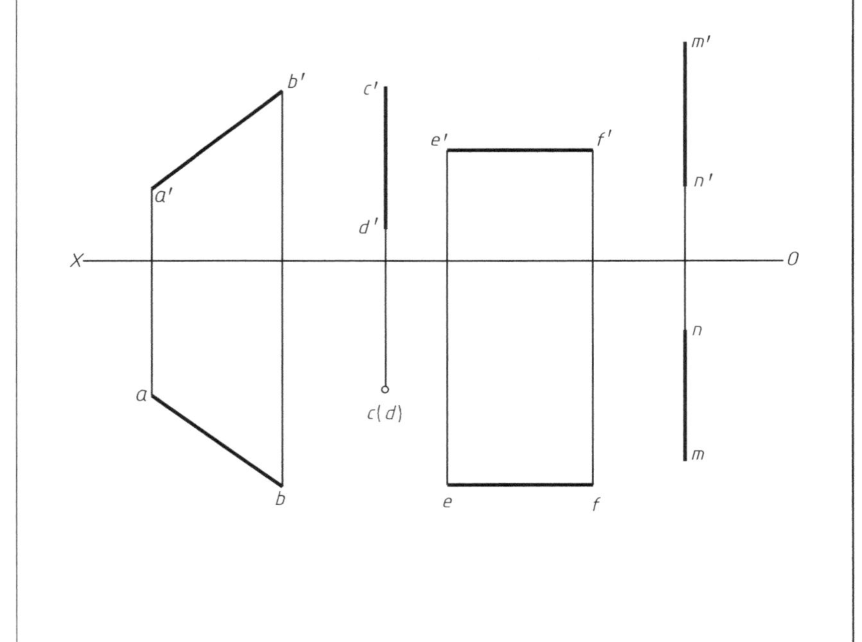

2.2 直线的投影（续）

3. 按已知条件画出下列直线的三投影。

（1）AB 为水平线，距 H 面 15mm，$\beta=30°$，实长为 25mm，已知 A 点的一投影 a。

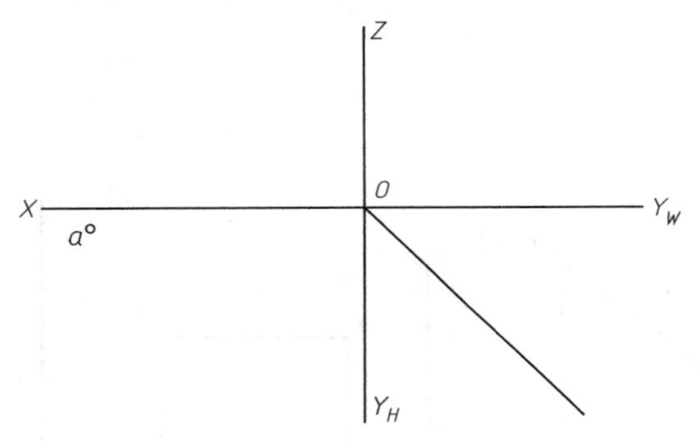

（2）CD 为侧平线，距 W 面 26mm，$\alpha=30°$，实长为 25mm，已知 C 点的一投影 c''。

（3）EF 为正垂线，距 H 面 15mm，距 W 面 20mm，实长为 16mm。

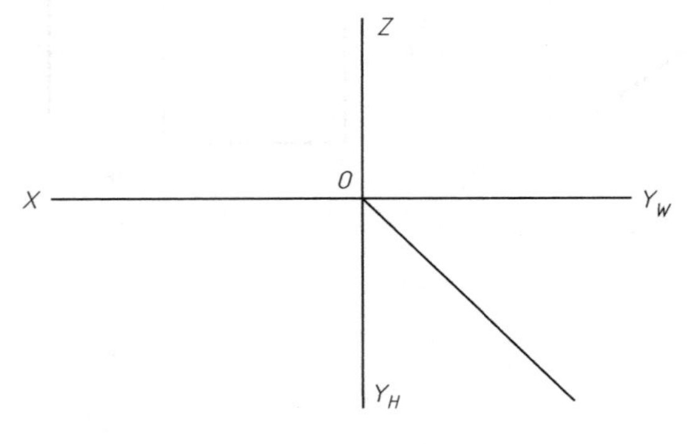

（4）EF 为侧垂线，实长为 25mm，距 H 面、V 面的距离均为 16mm。

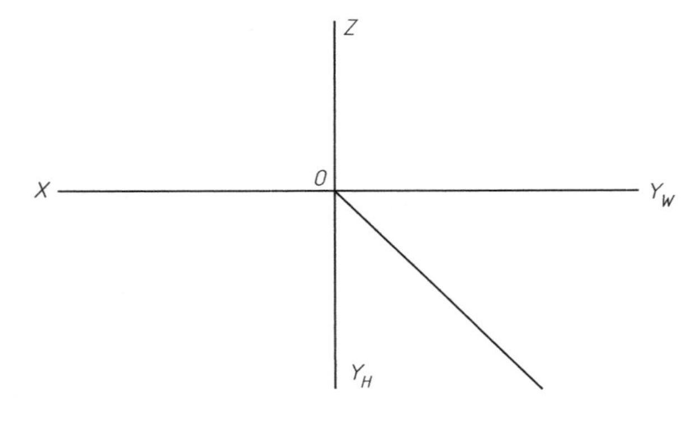

2.2　直线的投影（续）

4. 作一直线 MN 与直线 AB 平行，且与已知直线 CD、EF 相交。

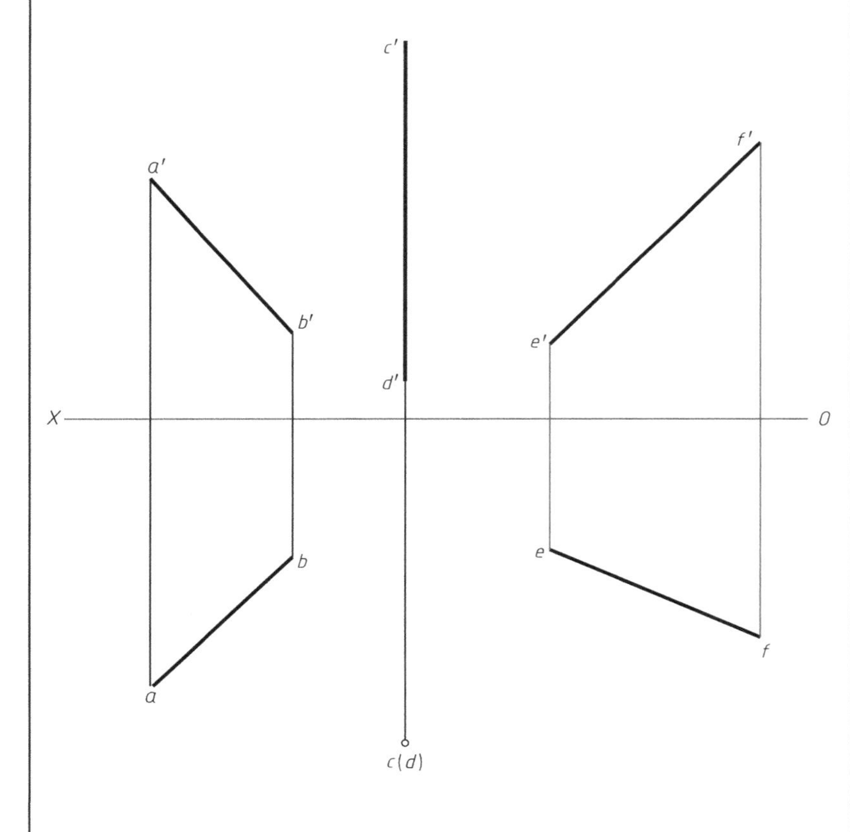

5. 标出图中重影点的投影，并判断其可见性。

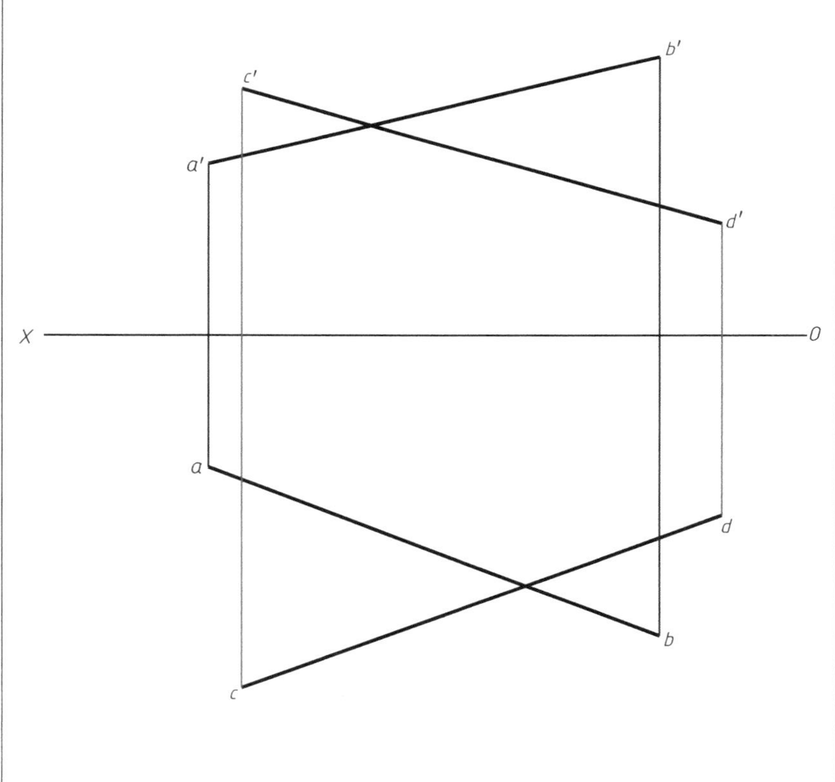

2.2 直线的投影（续）

6. 求作侧垂线 EF 与直线 AB、CD 相交。

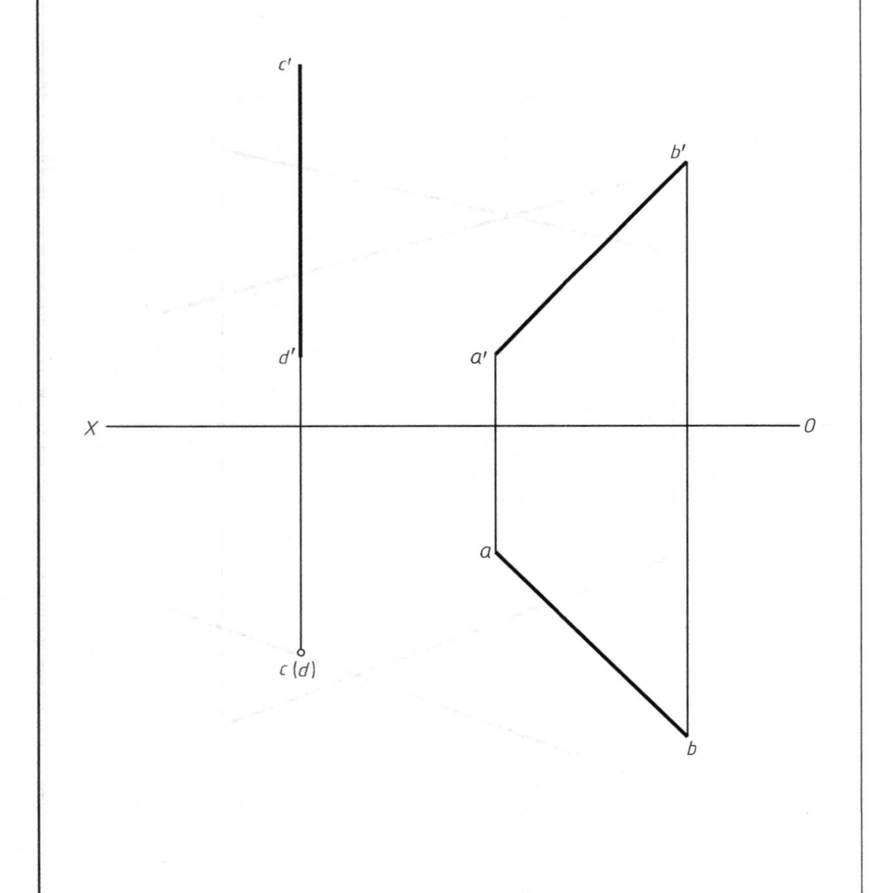

7. 判断空间两直线的相对位置。

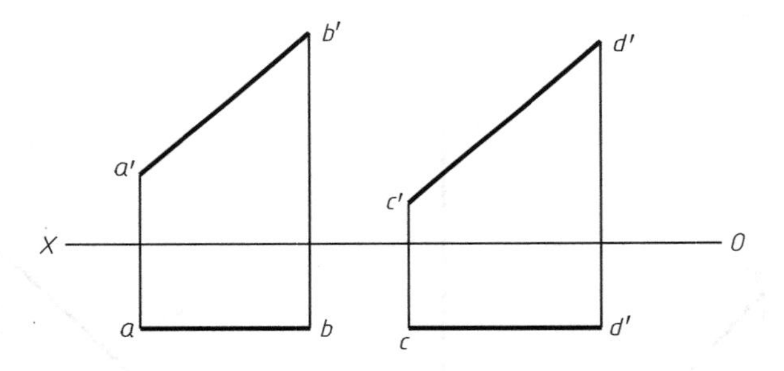

AB 与 CD ________

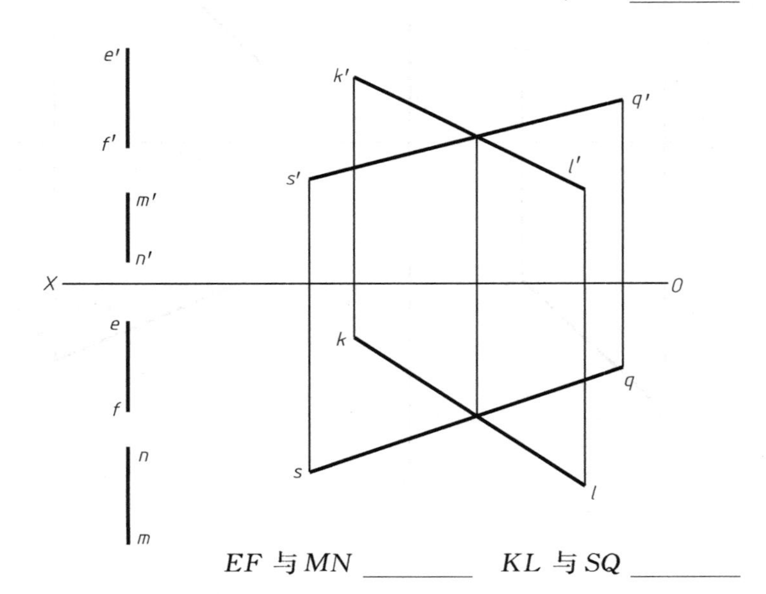

EF 与 MN ________ KL 与 SQ ________

2.2　直线的投影（续）

8. 判断下列直线相对投影面的位置。

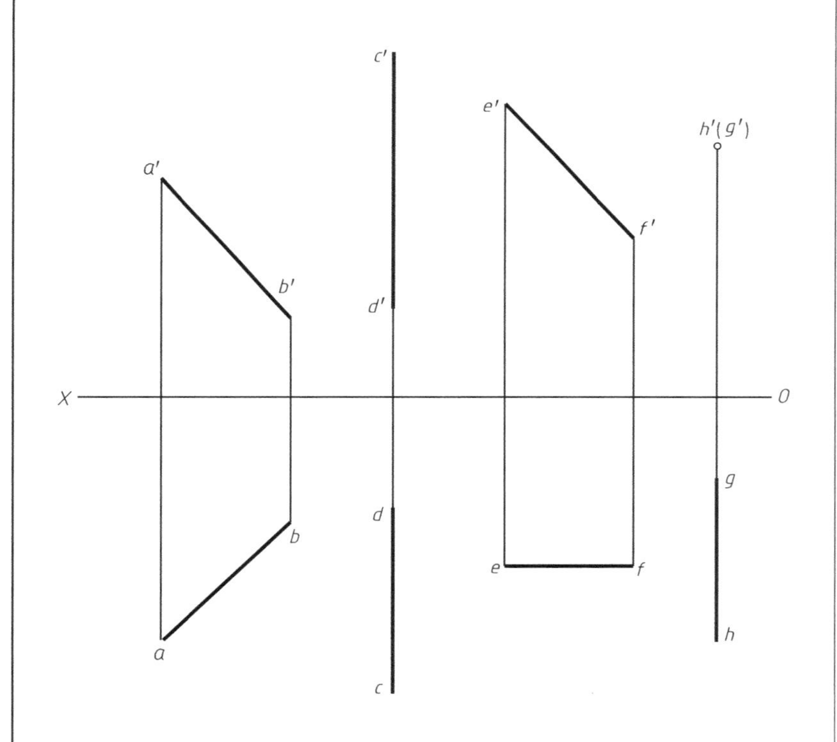

AB 是________线　　CD 是________线

EF 是________线　　GH 是________线

9. 试判断点 M 是否在直线 AB 上，点 N 是否在直线 CD 上。

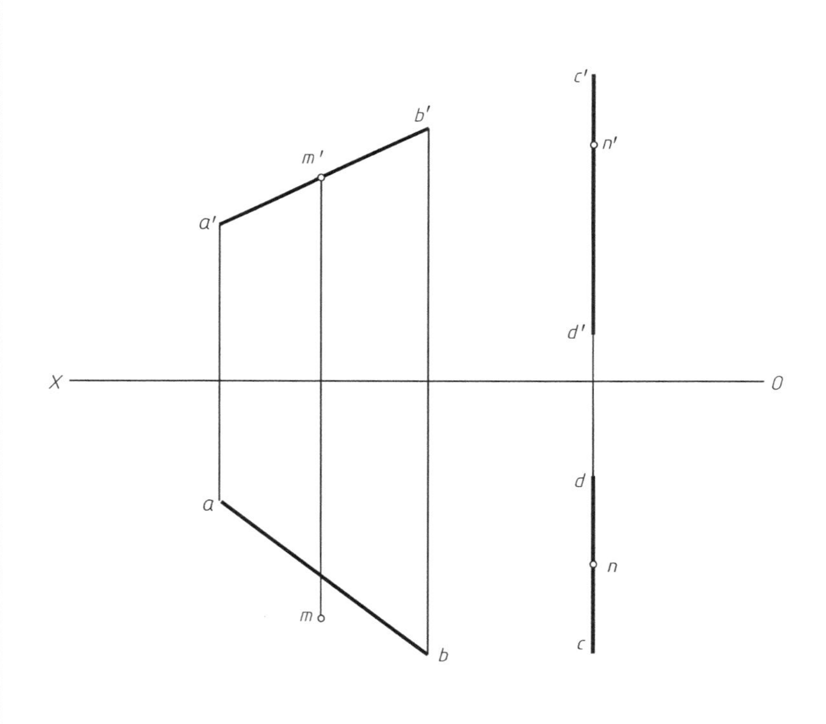

M 点________直线 AB 上　　N 点________直线 CD 上

2.2 直线的投影（续）

10. 过点 A 作直线 AK 与直线 BC 垂直相交于点 K。

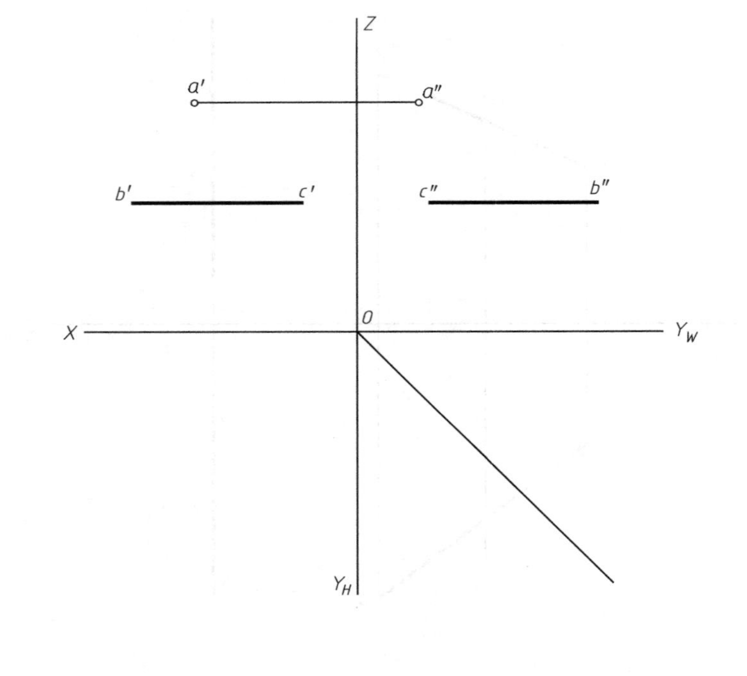

11. 作一水平线，使其距 H 面 23mm，并与已知直线 AB、CD 相交。

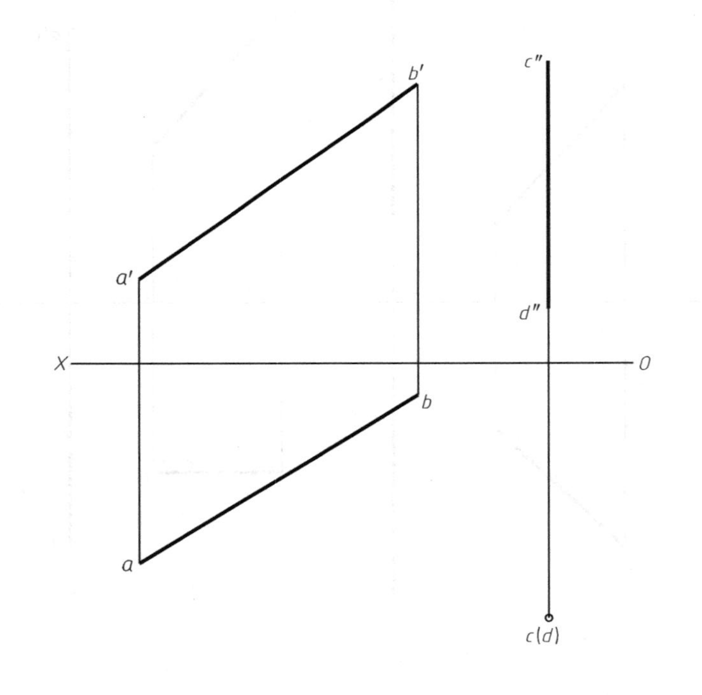

2.3　平面的投影—已知平面的两面投影，完成其第三面投影，并判断其对投影面的位置

1.

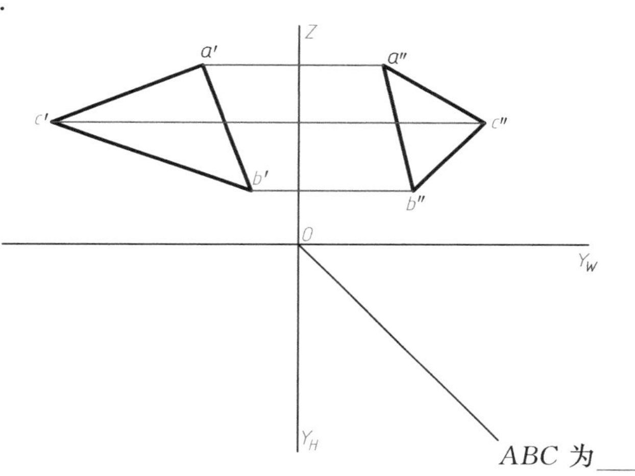

ABC 为________

2.

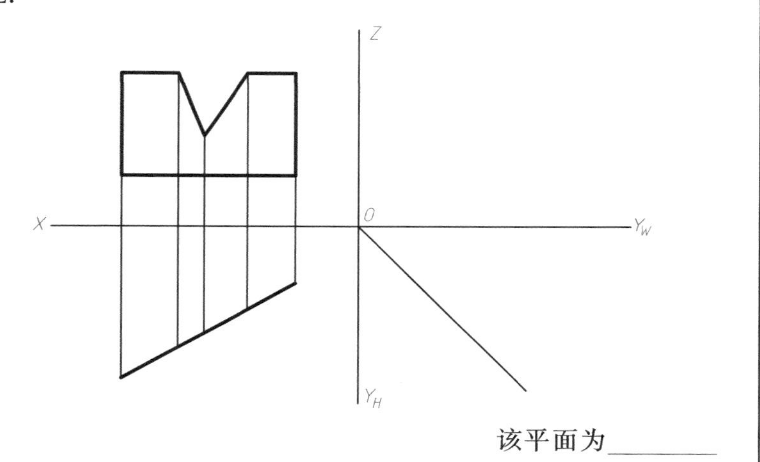

该平面为________

3.

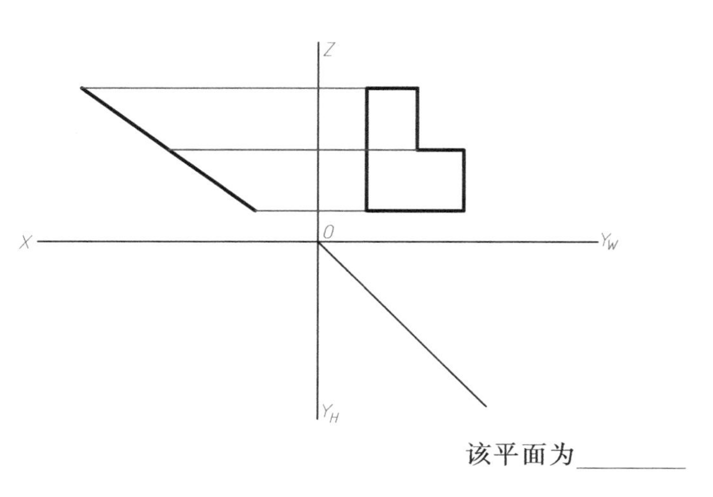

该平面为________

4.

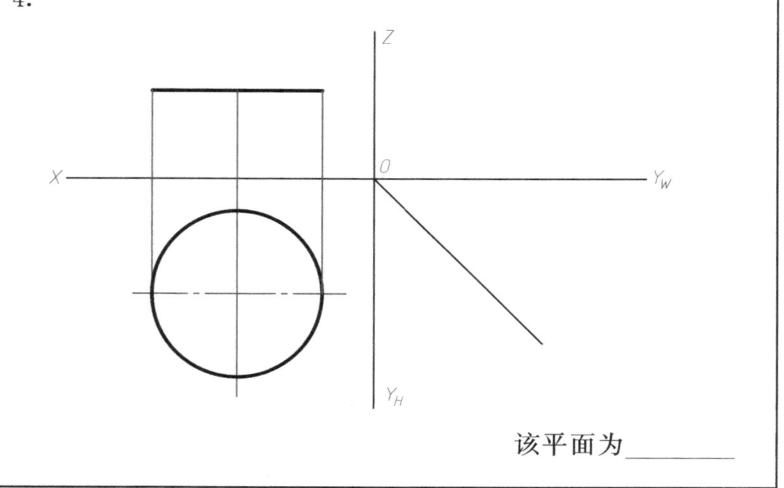

该平面为________

2.3 平面的投影（续）

5. 求作平面及平面上的点 K 的三面投影。

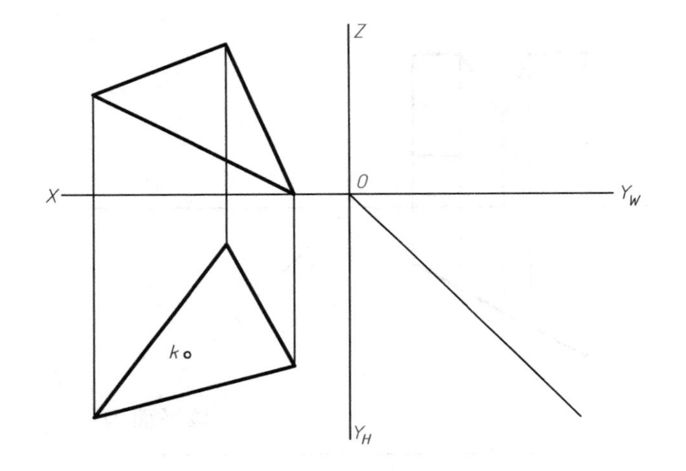

6. 已知直线 AB、CD 和 K 点属于同一平面，且 $AB // CD$，求 $c'd'$。

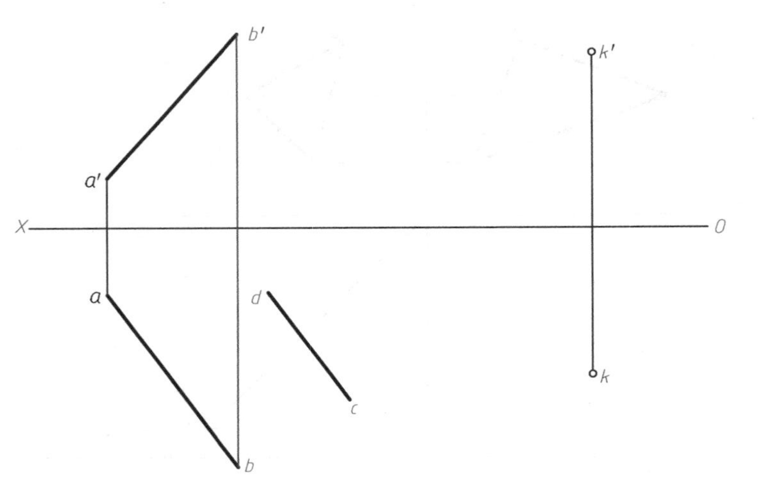

7. 判断点或直线是否属于给定的平面。

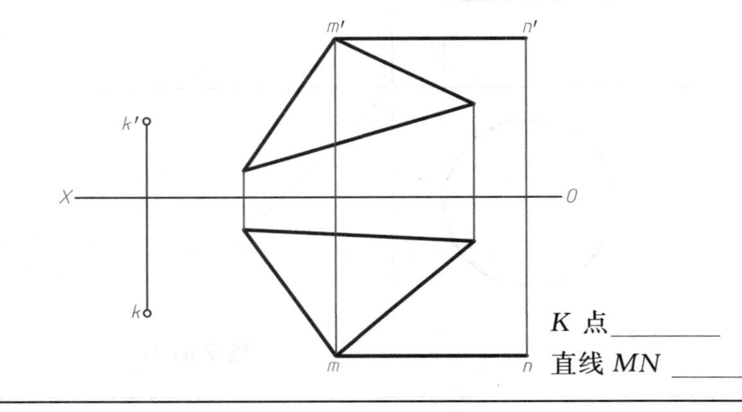

K 点________

直线 MN ________

8. 判断下图表示的 A、B、C、D 四点是否在一个平面上。

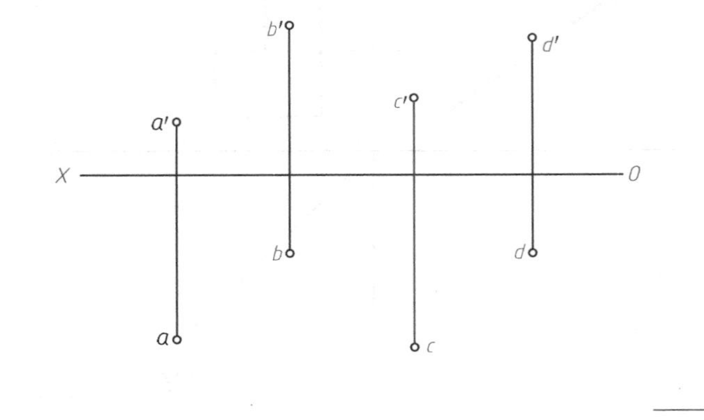

____

2.3 平面的投影（续）

9. 已知五边形 $ABCDE$ 的正面投影，求作其水平投影。

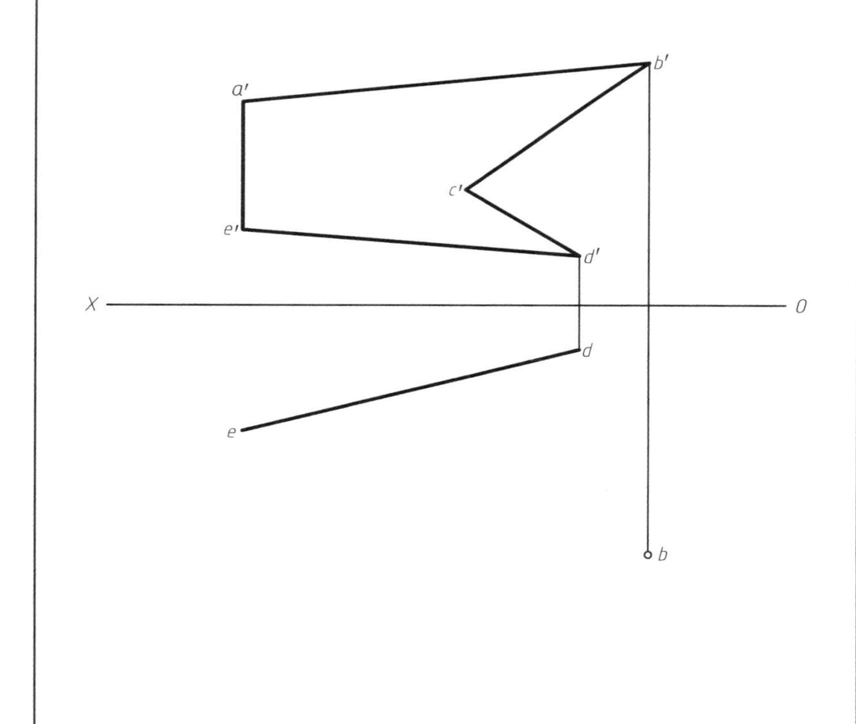

10. 在四边形 $ABCD$ 上作出五角星的水平投影。

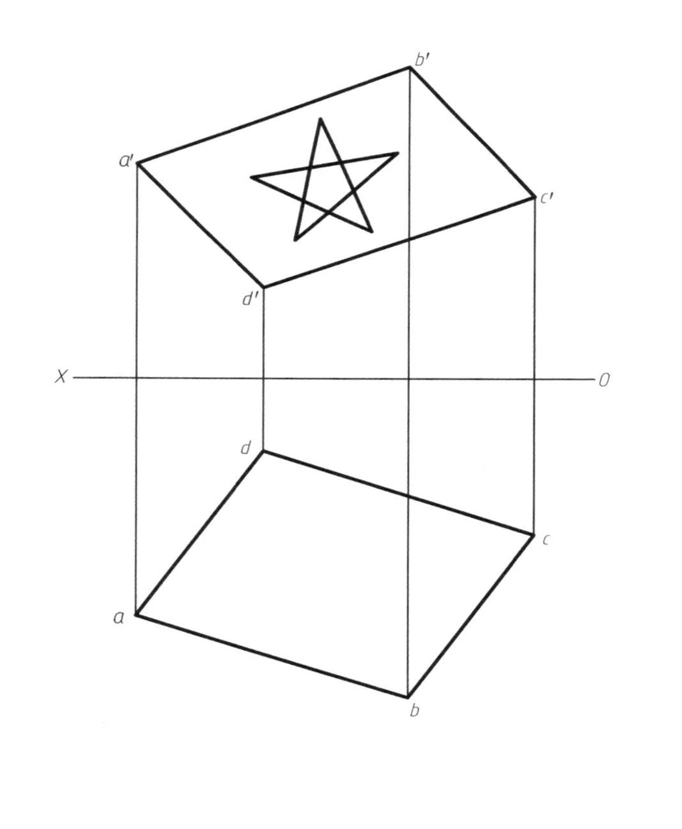

2.3 平面的投影（续）

11. 过 A 点求作平面 ABC 内的水平线 AD 的两面投影；过 C 点作该平面内正平线 CF 的两面投影，且 $CF=25$mm。

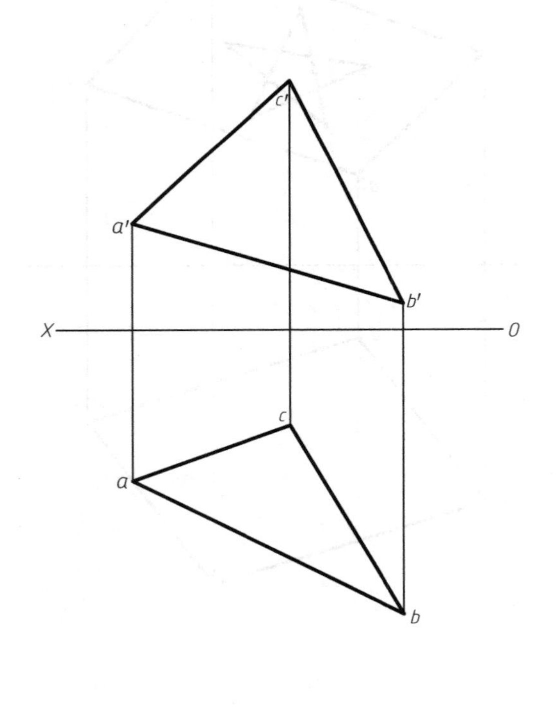

12. 补画平面图形 $PQRSGF$ 的侧面投影。

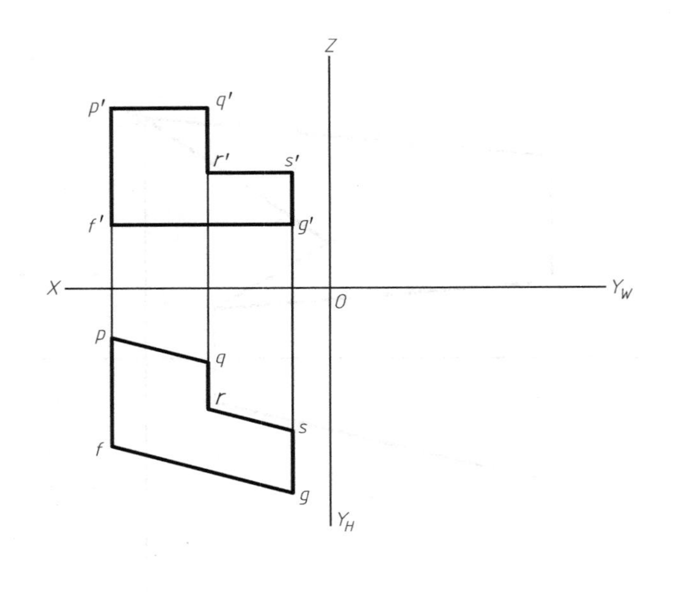

3.1　用 AutoCAD 绘制平面图形

1.

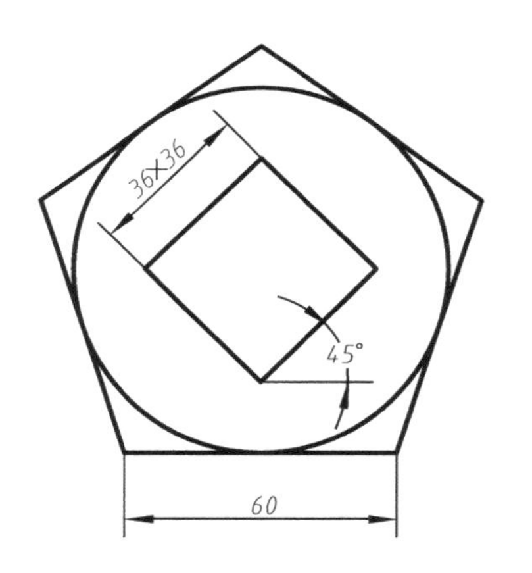

2.

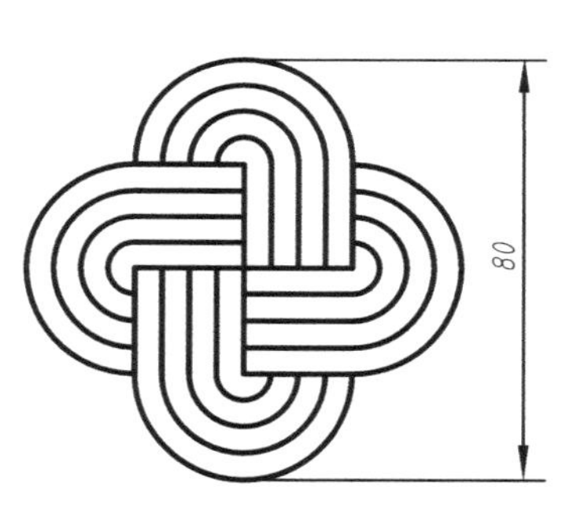

3.

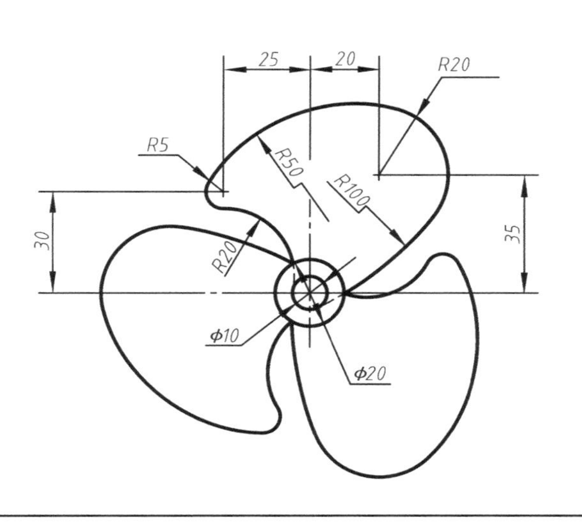

4.

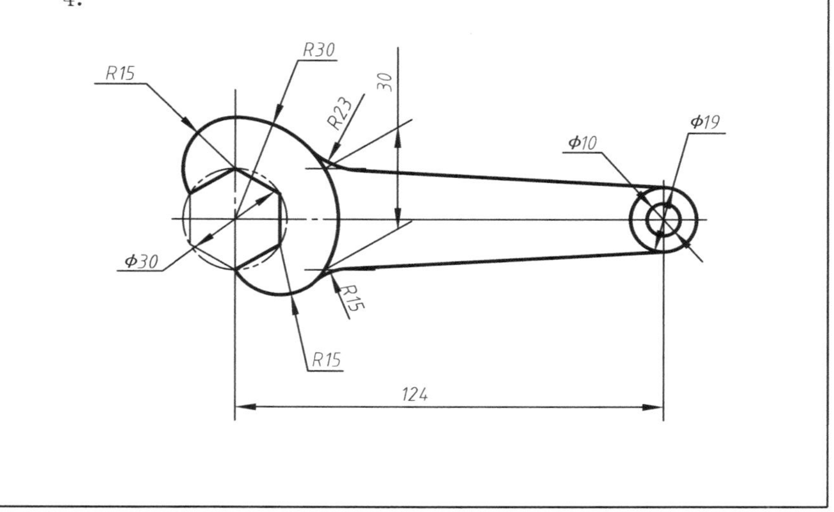

3.2 用 AutoCAD 绘制下列形体的三视图

1.

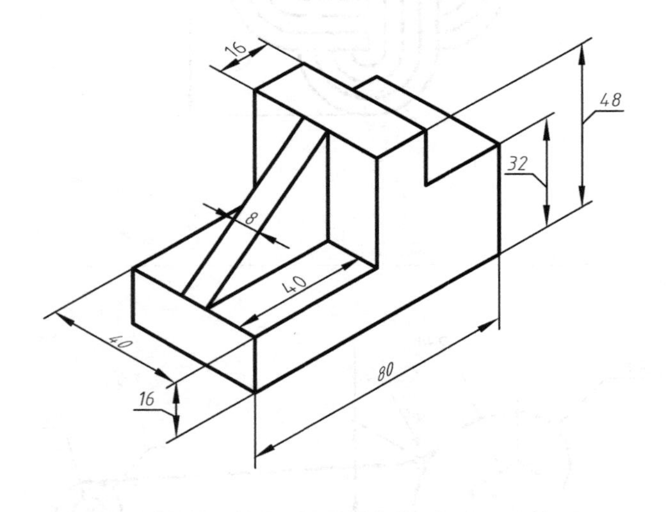

2.

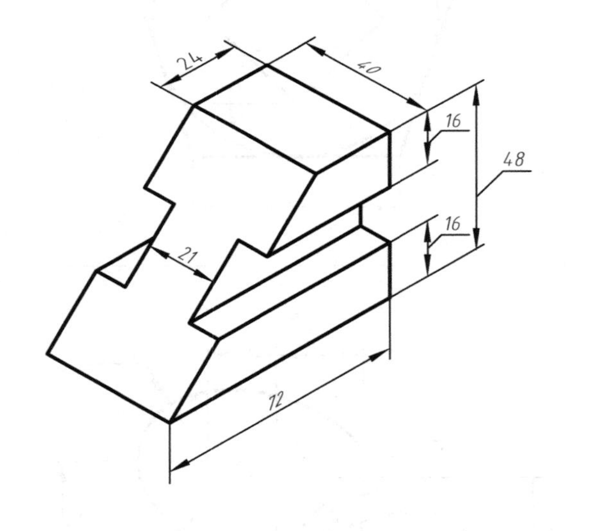

4.1 求立体上各点的其余两面投影

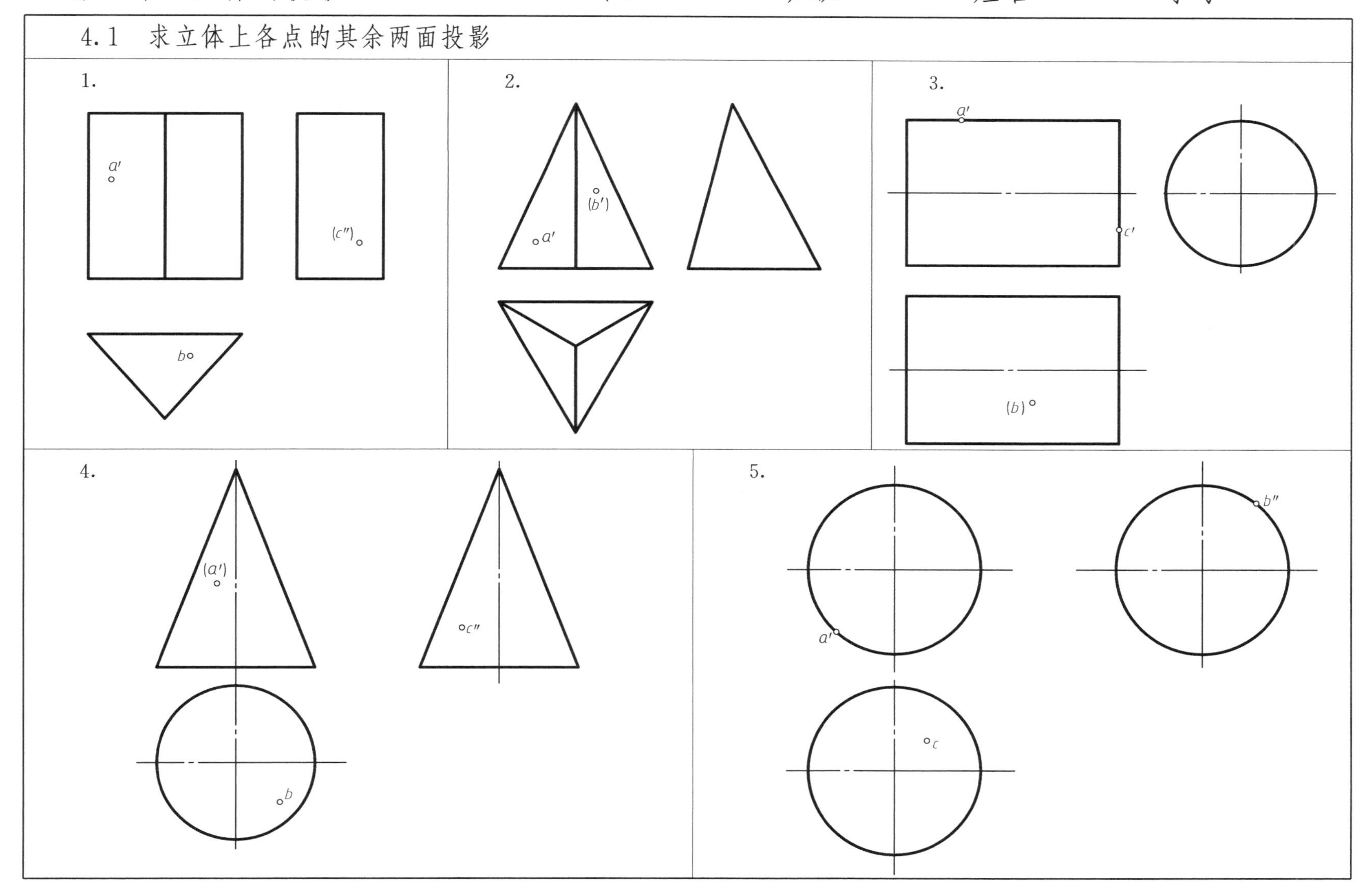

4.2 根据已知的两面视图，补画第三面视图

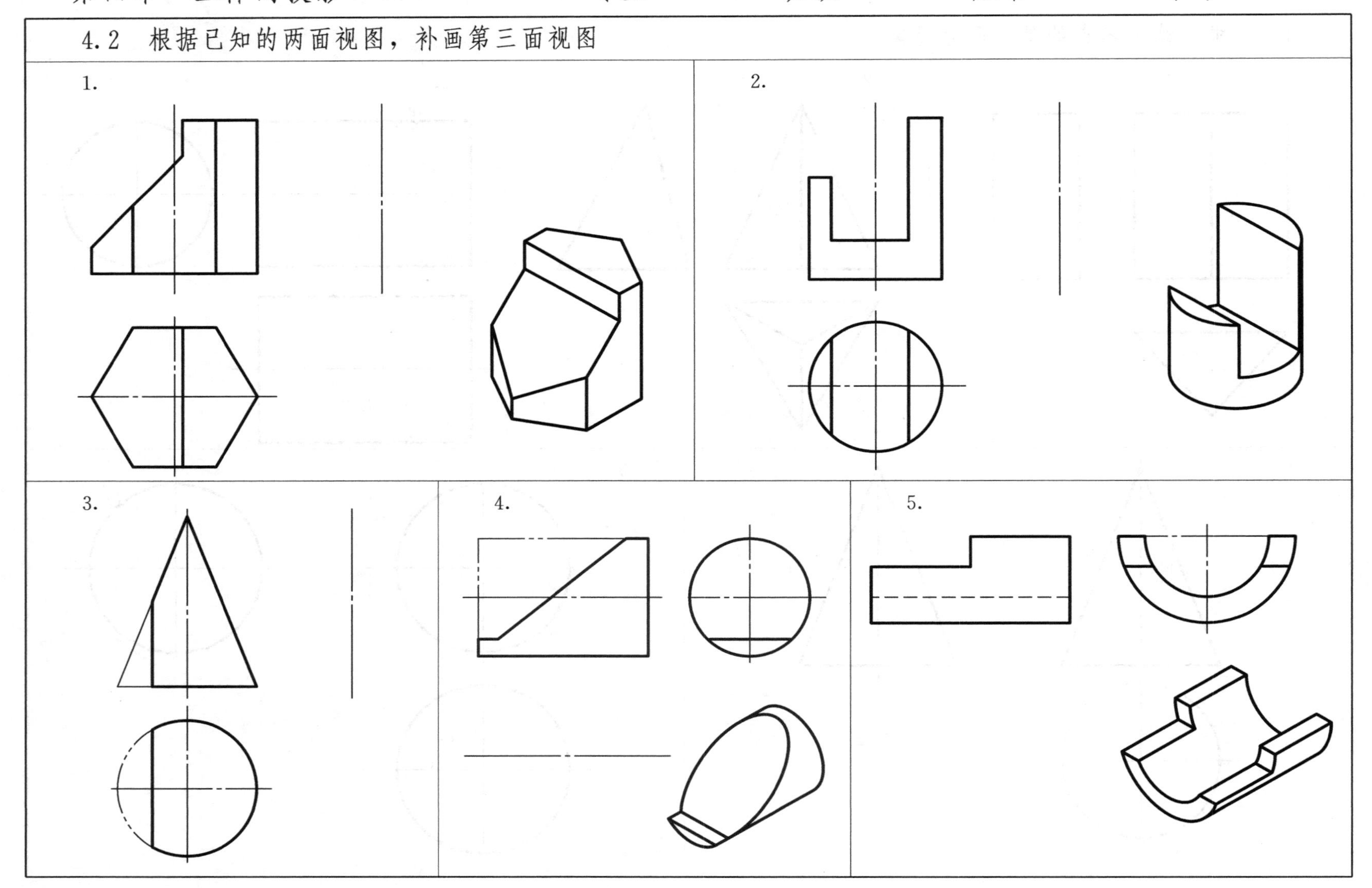

4.3 根据已知两面视图，补全立体的三面视图

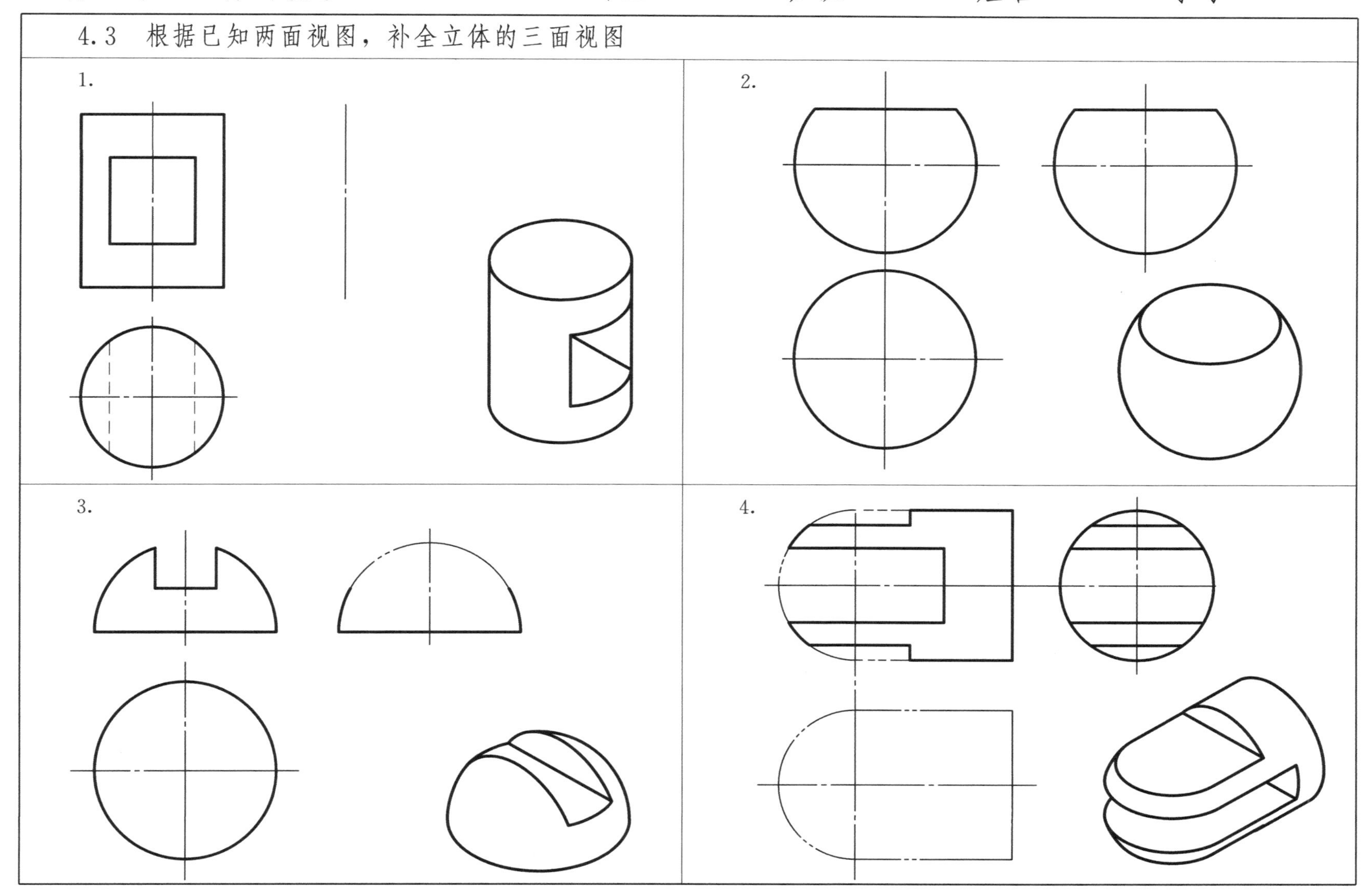

4.4　求作相贯线，并补全各面投影

1.

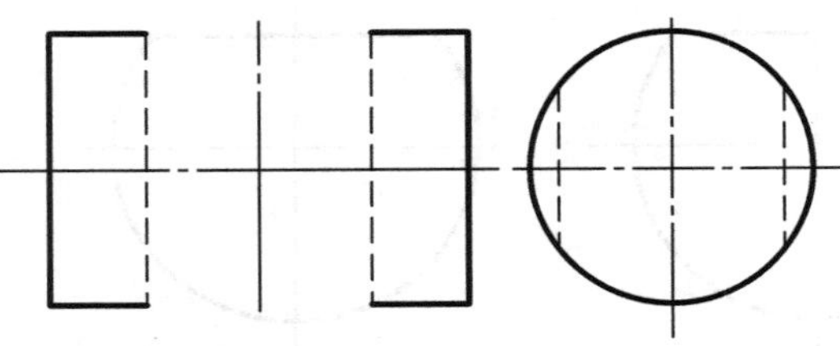
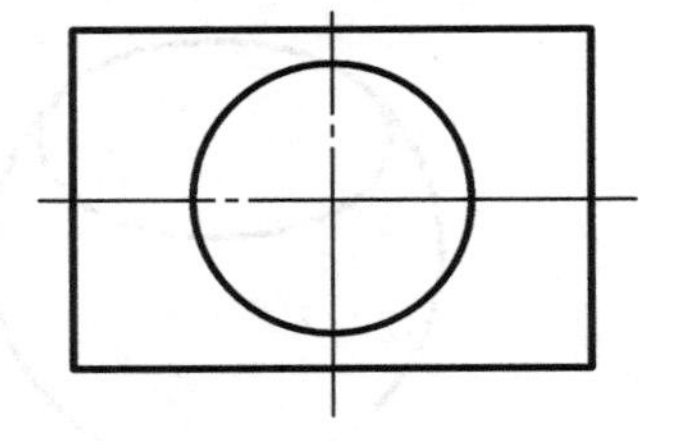

2.

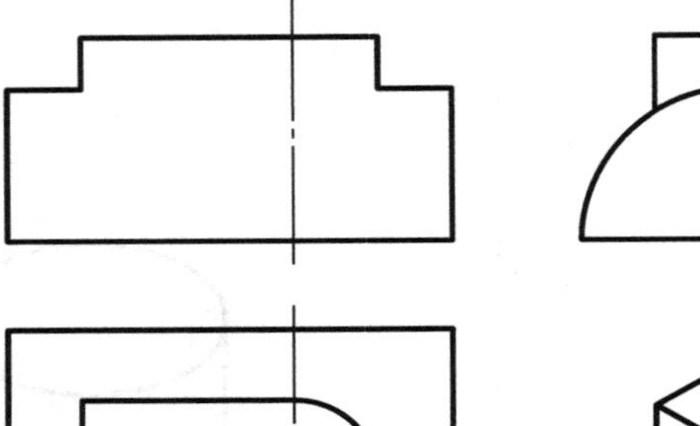
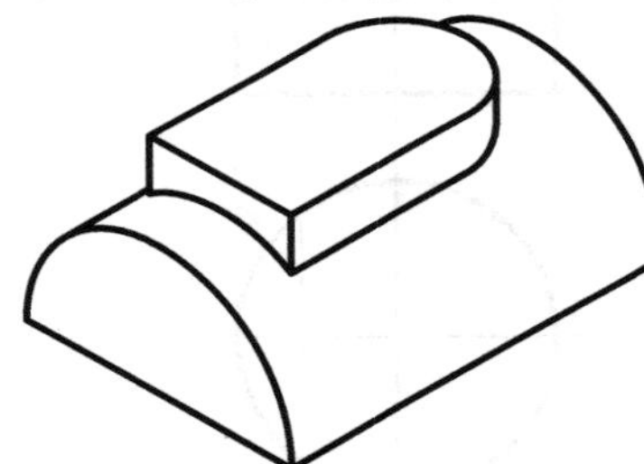

3.

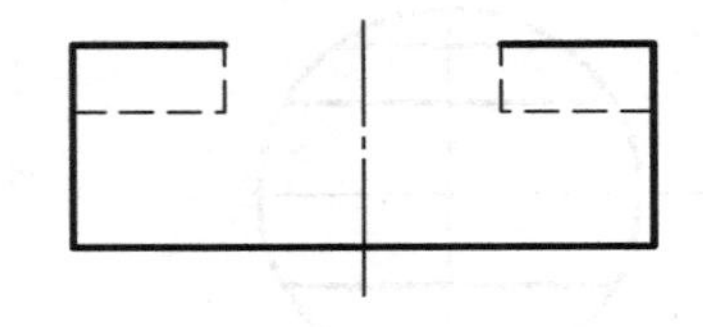
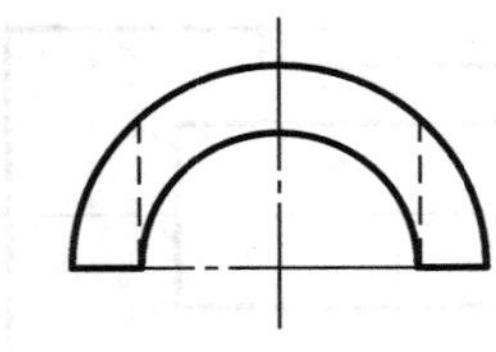
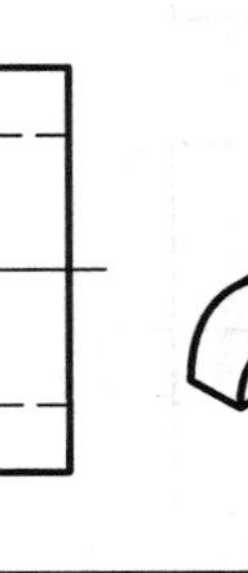

4.

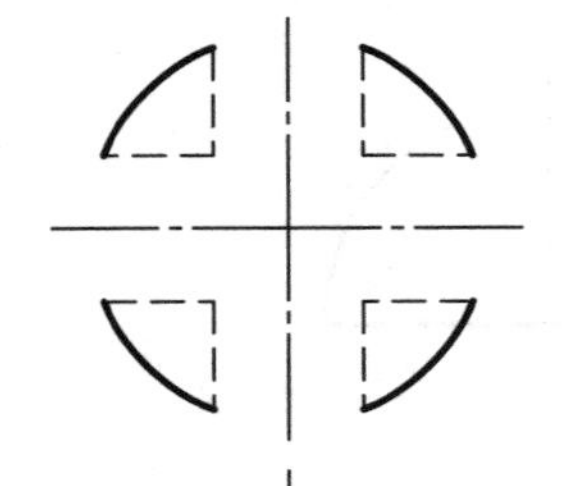
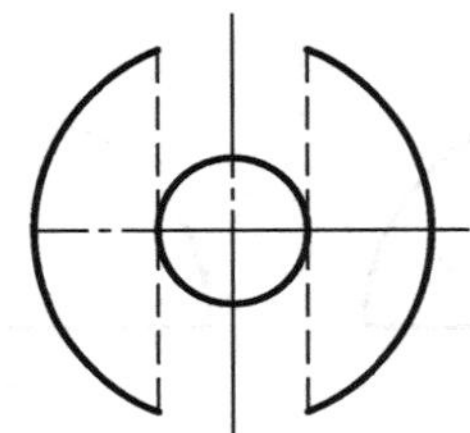

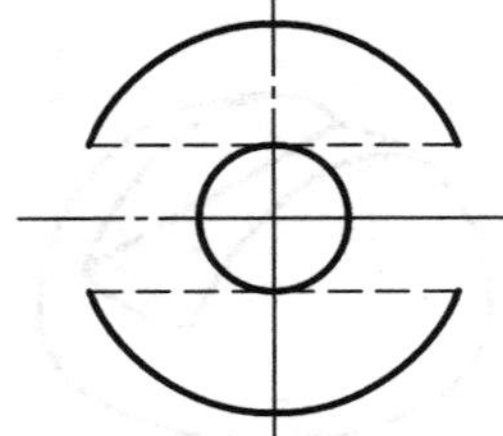

4.5　根据已知视图，画出下列形体的轴测图

1.

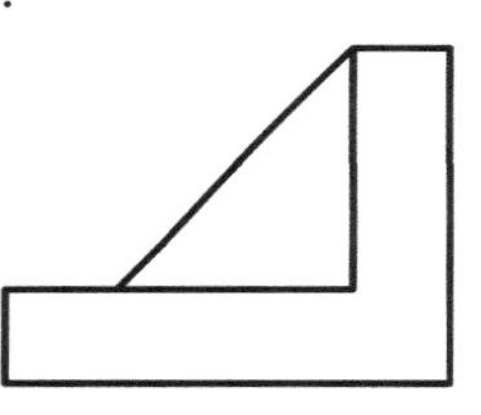

2.

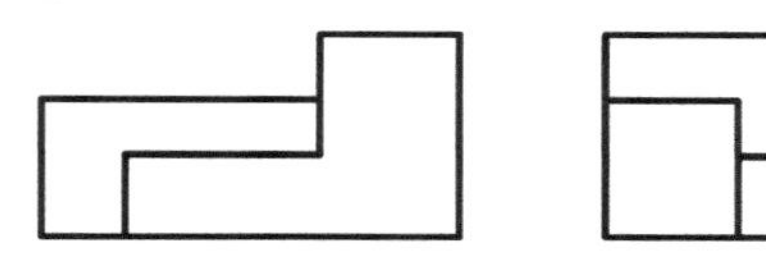

3.

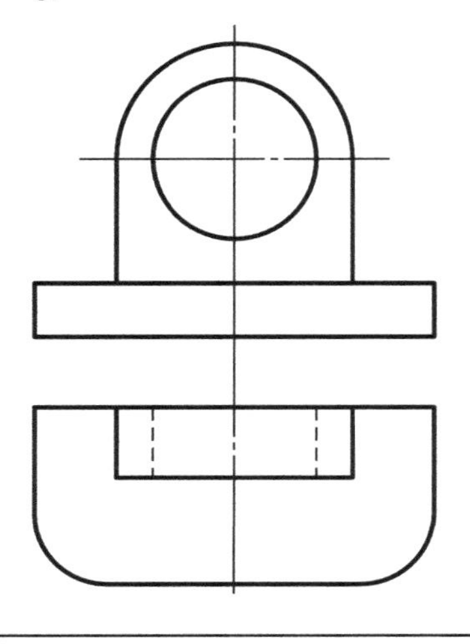

4.

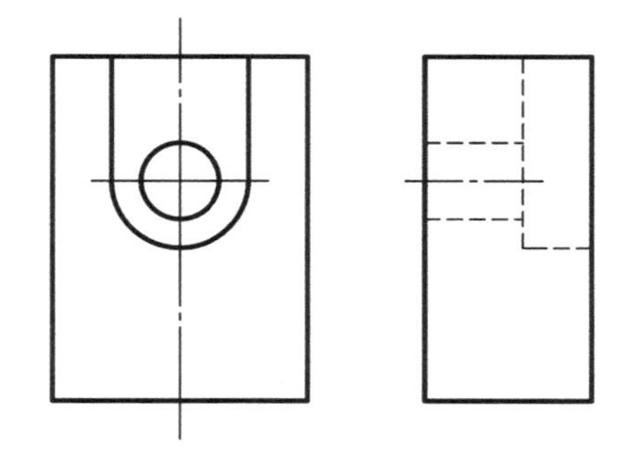

5.1 根据已知视图和立体图补画组合体的第三视图

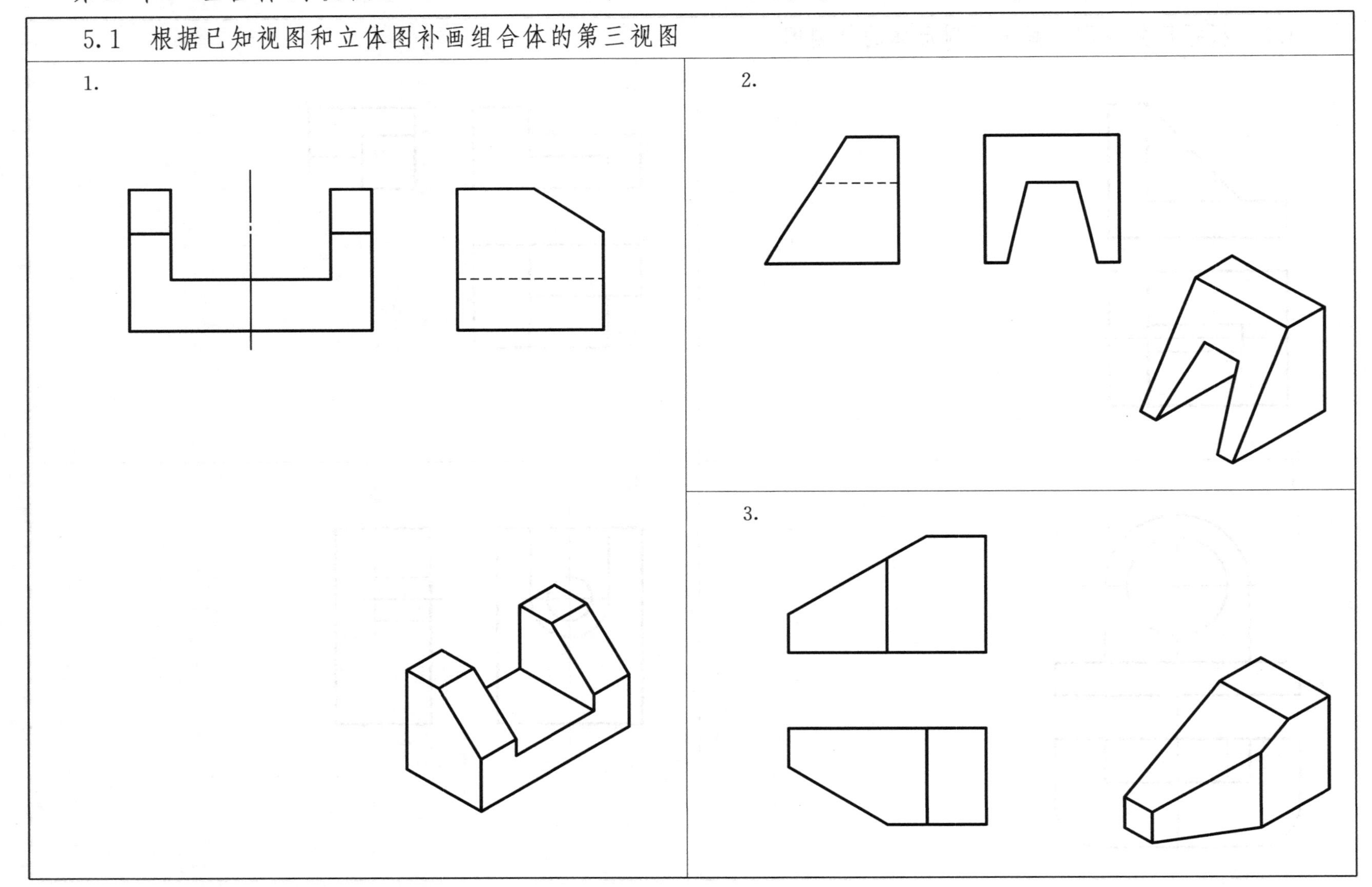

5.1　根据已知视图和立体图补画组合体的第三视图（续）

4.

5.

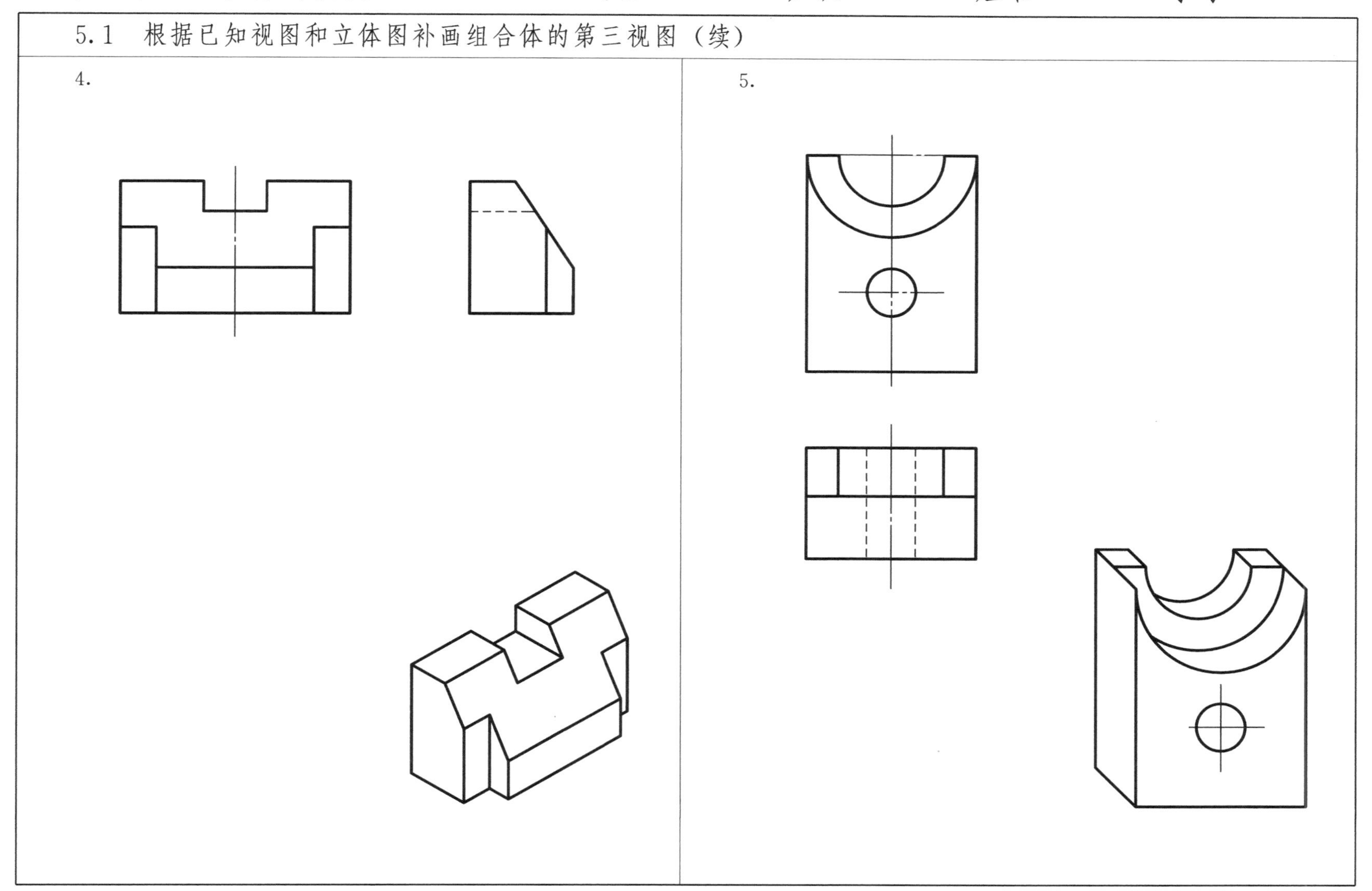

5.1 根据已知视图和立体图补画组合体的第三视图（续）

6.

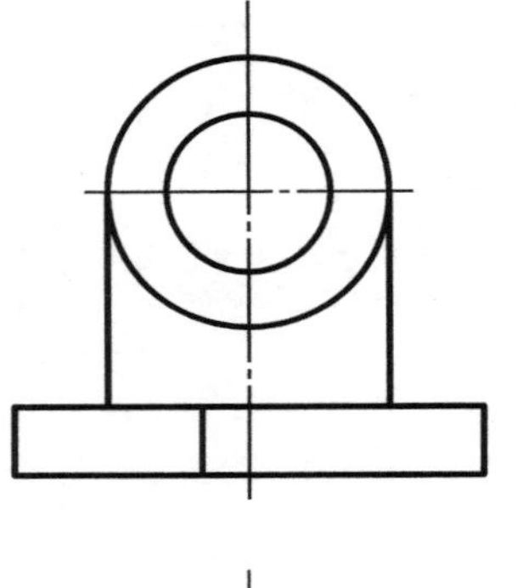

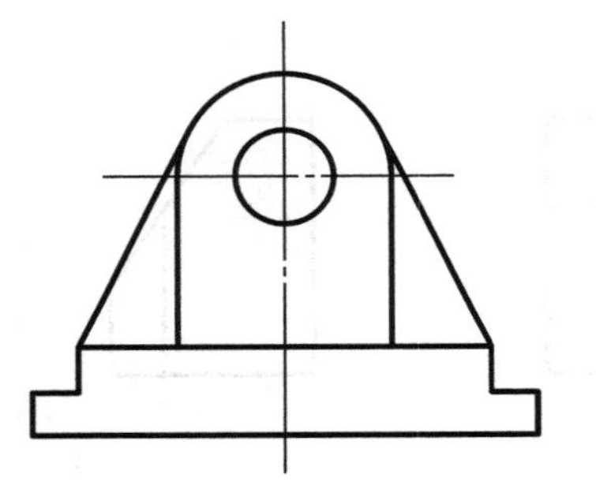

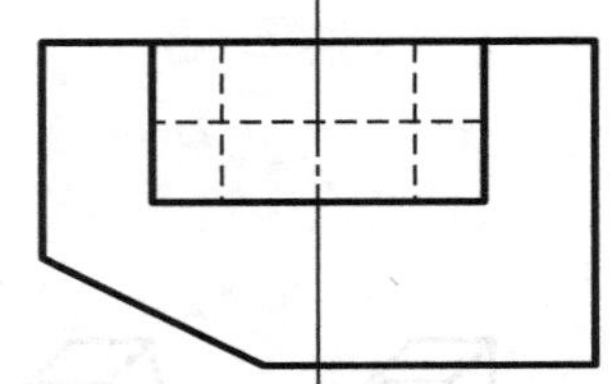

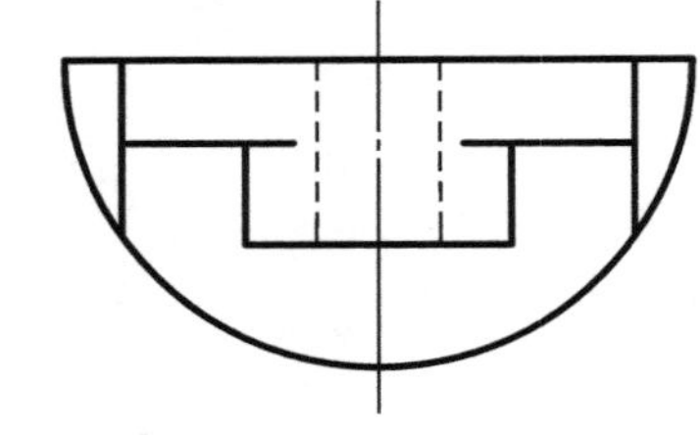

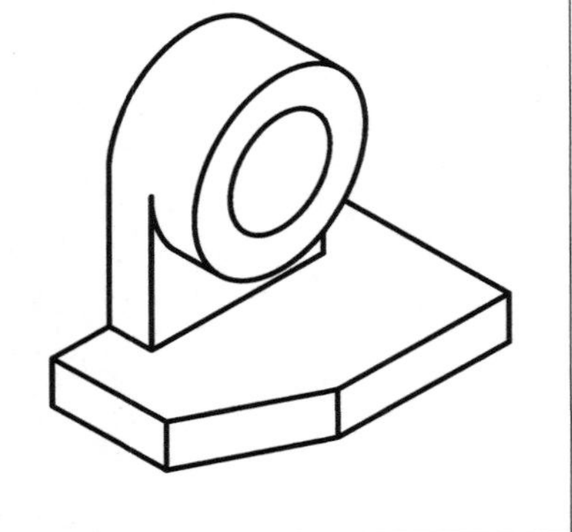

7.

5.2　根据两视图求组合体的第三视图

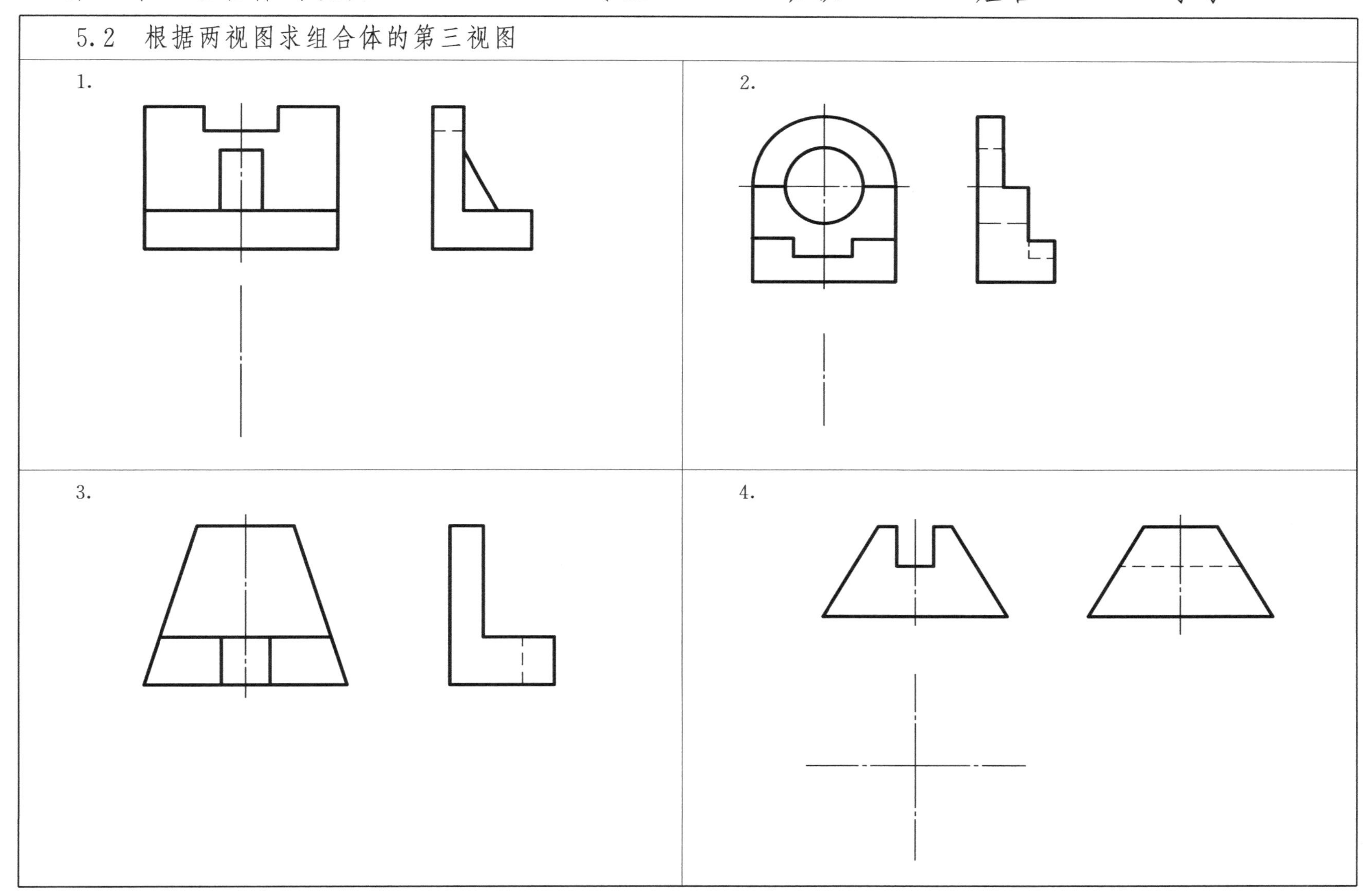

5.2　根据两视图求组合体的第三视图（续）

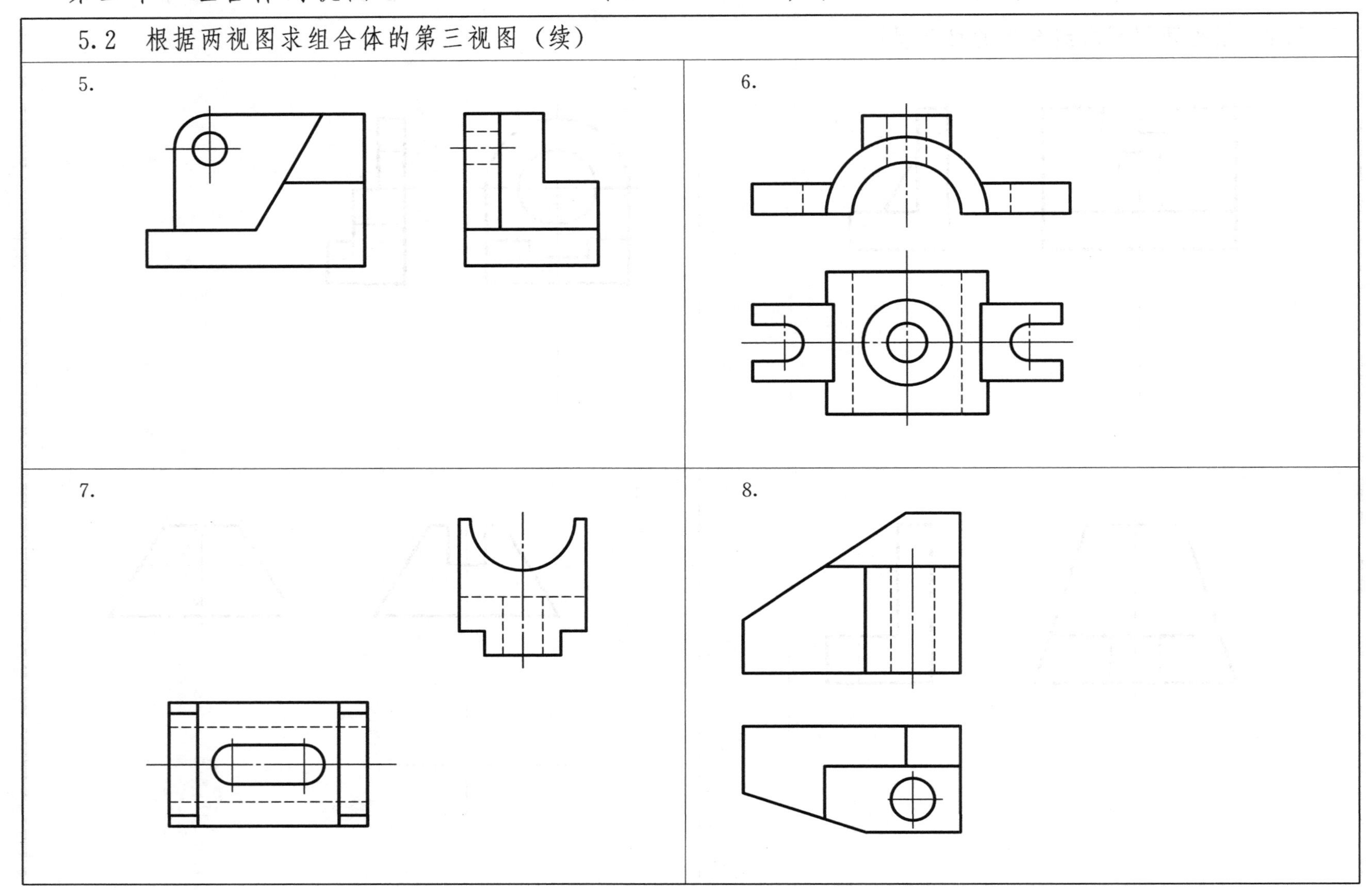

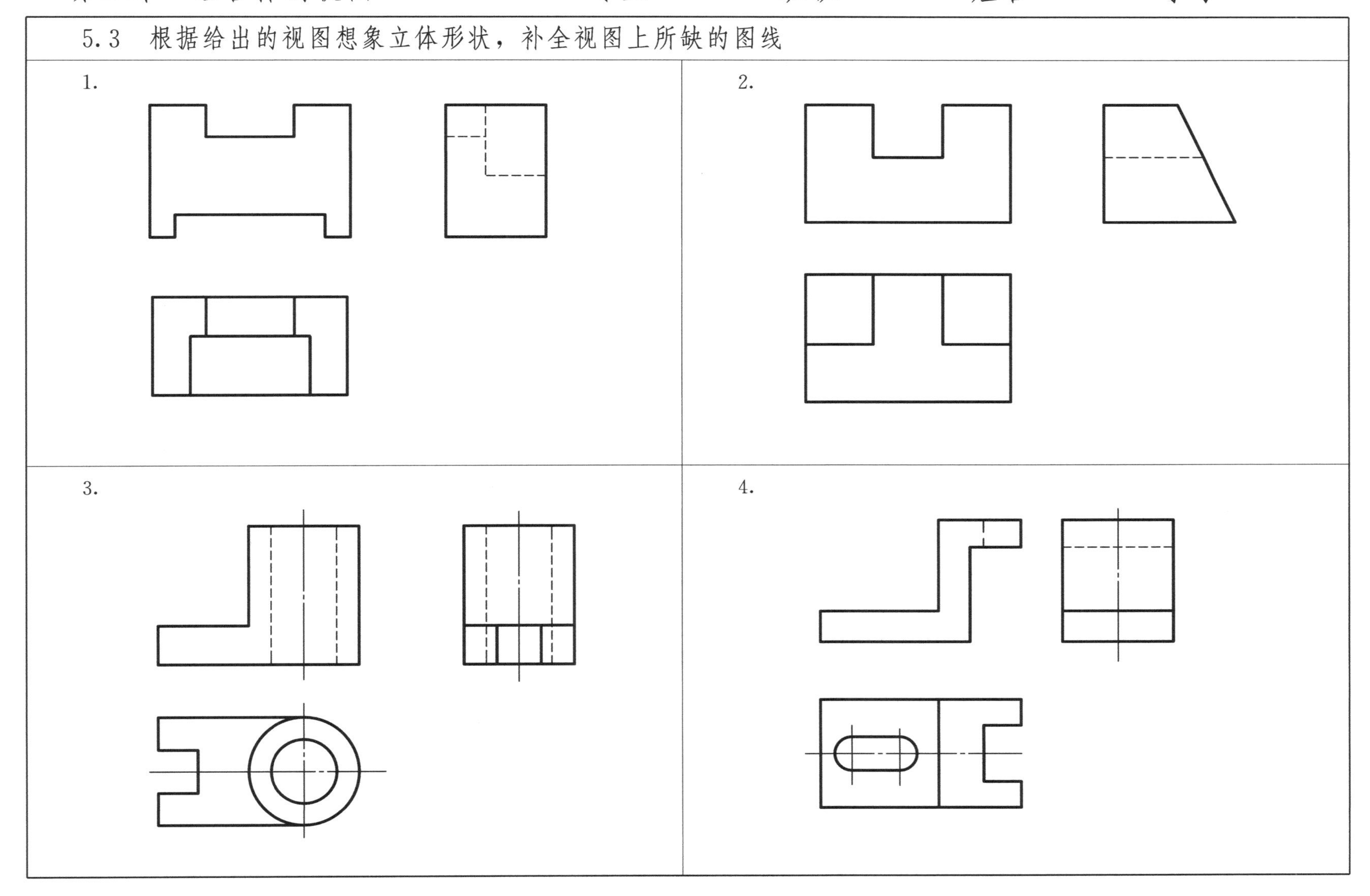
5.3　根据给出的视图想象立体形状，补全视图上所缺的图线
1.
2.
3.
4.

5.3　根据给出的视图想象立体形状，补全视图上所缺的图线（续）

5.

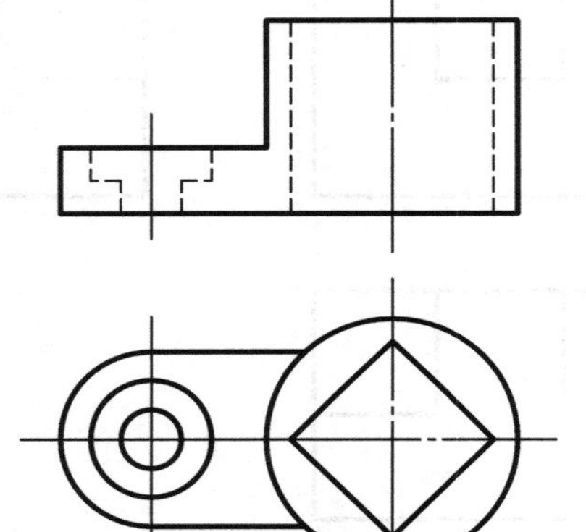

6.

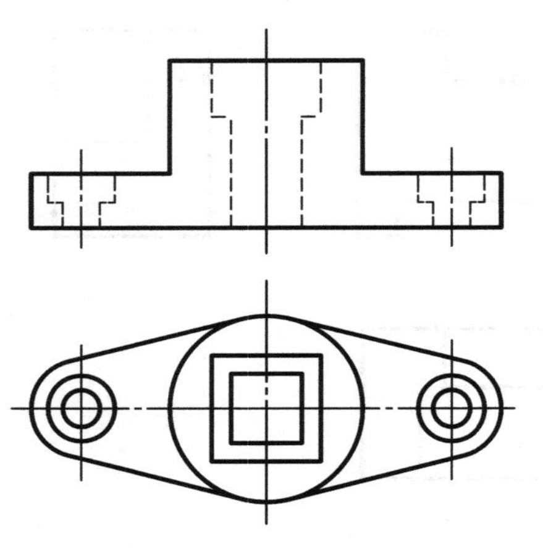

7.

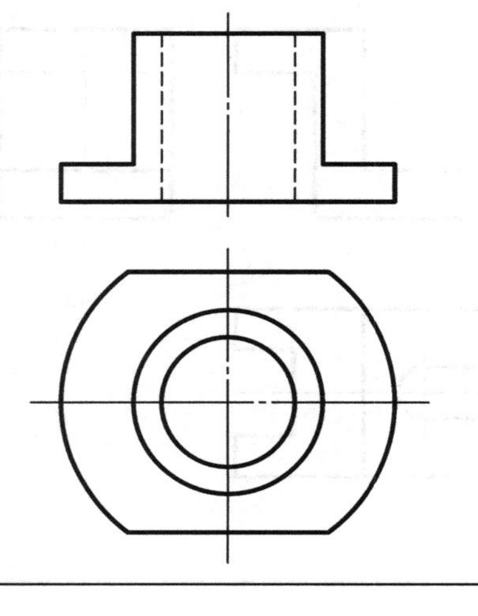

8.

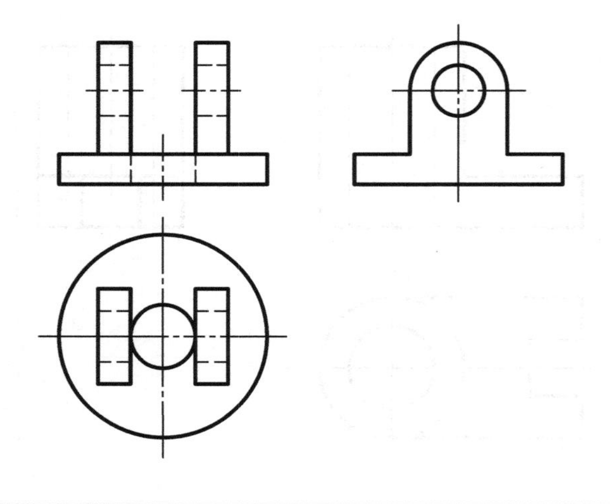

5.4　根据已知视图想象立体形状，标注其全部尺寸（尺寸从图中量取并圆整）

1.

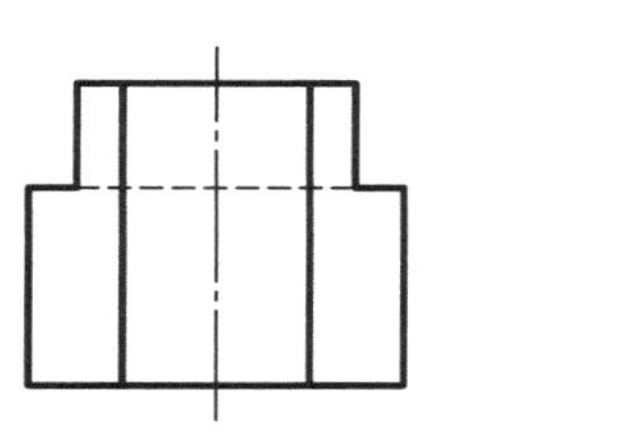

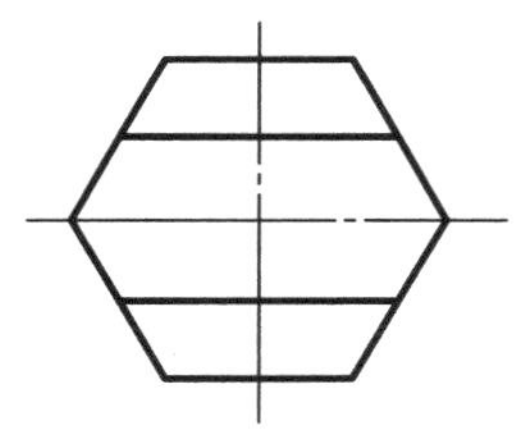

2.

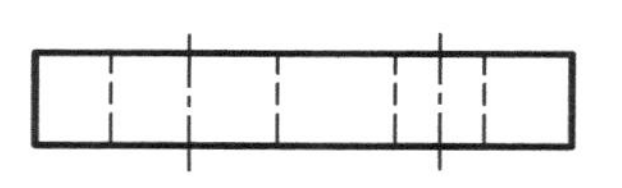

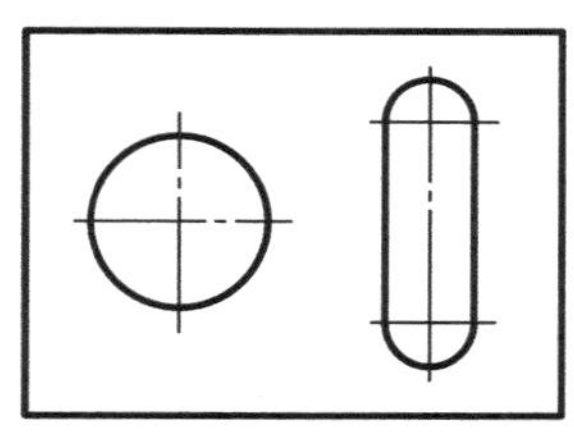

3.

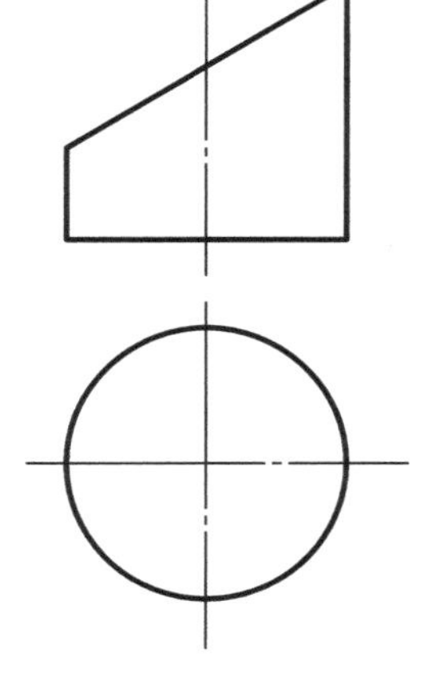

4.

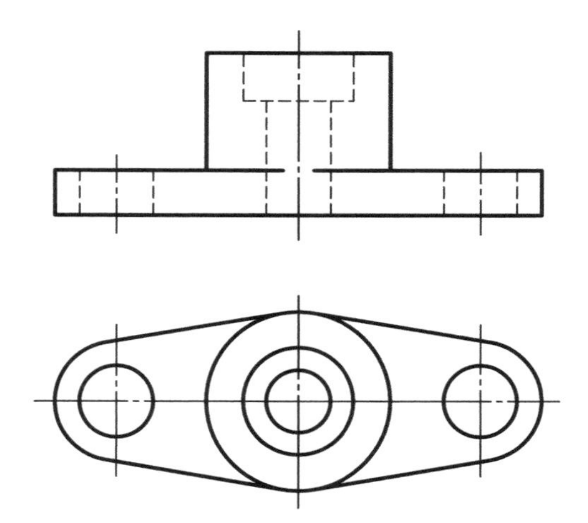

5.4　根据已知视图想象立体形状，标注其全部尺寸（尺寸从图中量取并圆整）（续）

5.

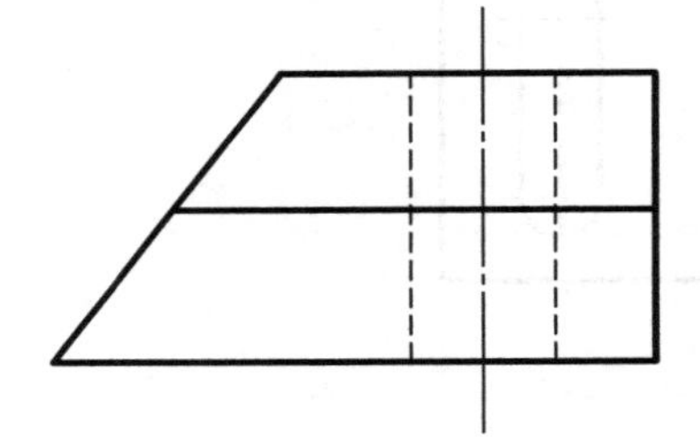

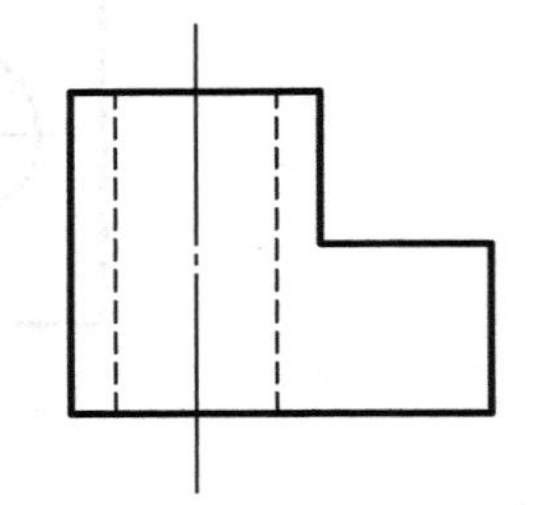

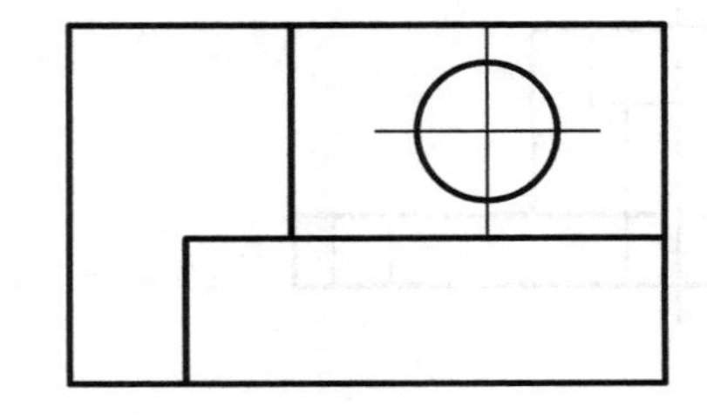

6.

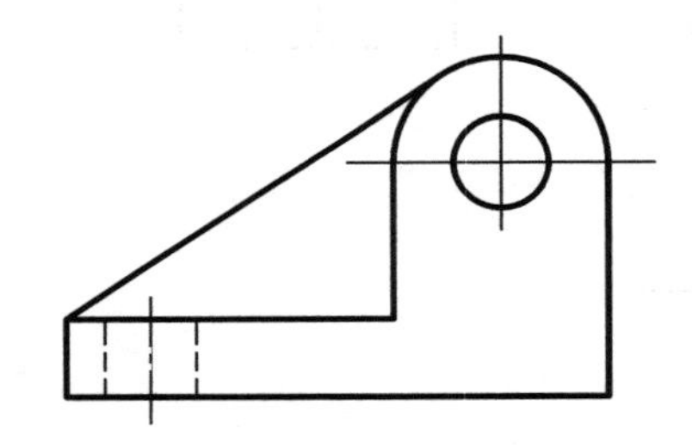

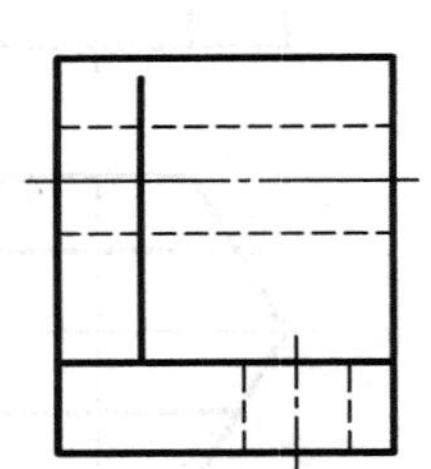

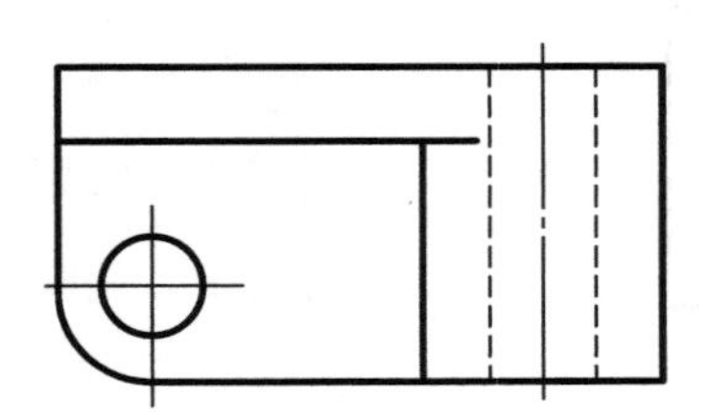

5.4　根据已知视图想象立体形状，标注其全部尺寸（尺寸从图中量取并圆整）（续）

7.

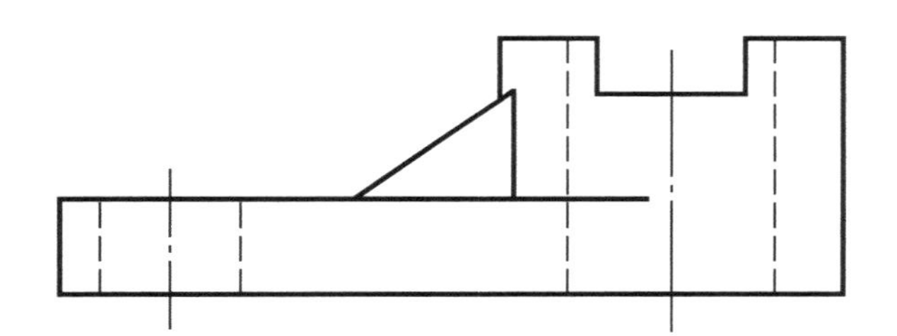

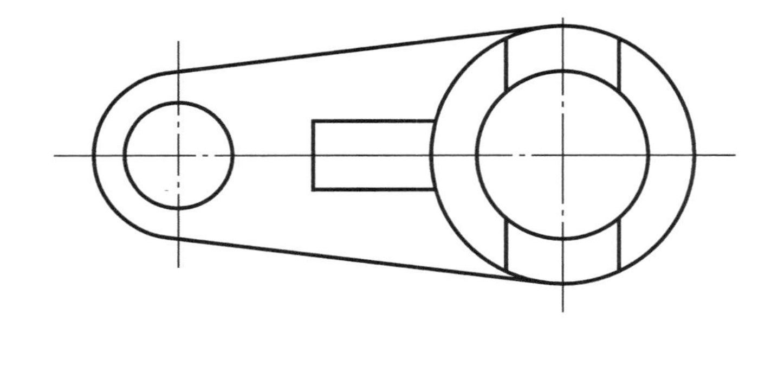

8.

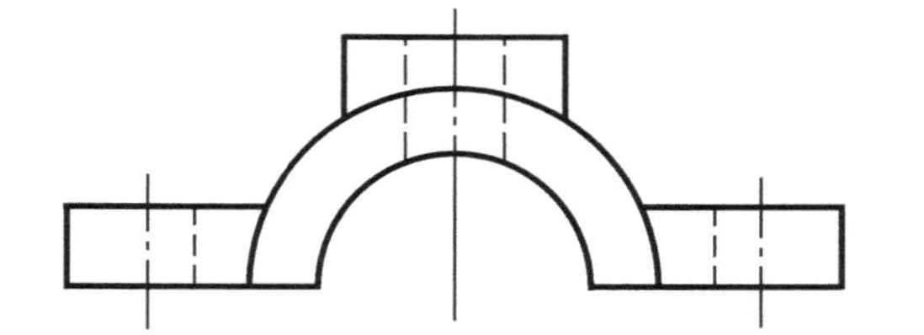

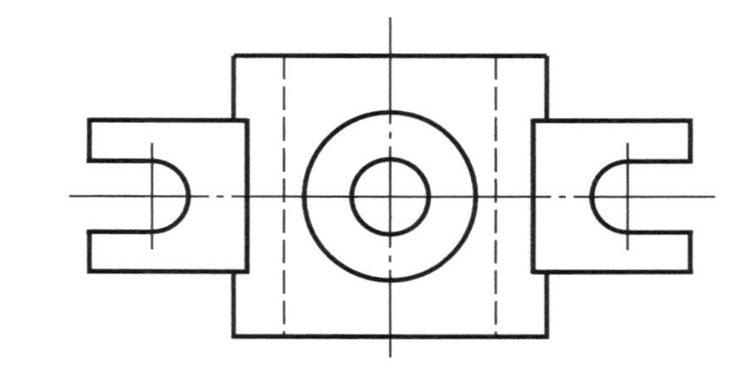

5.5　根据已知视图和立体图补画组合体的另外两视图

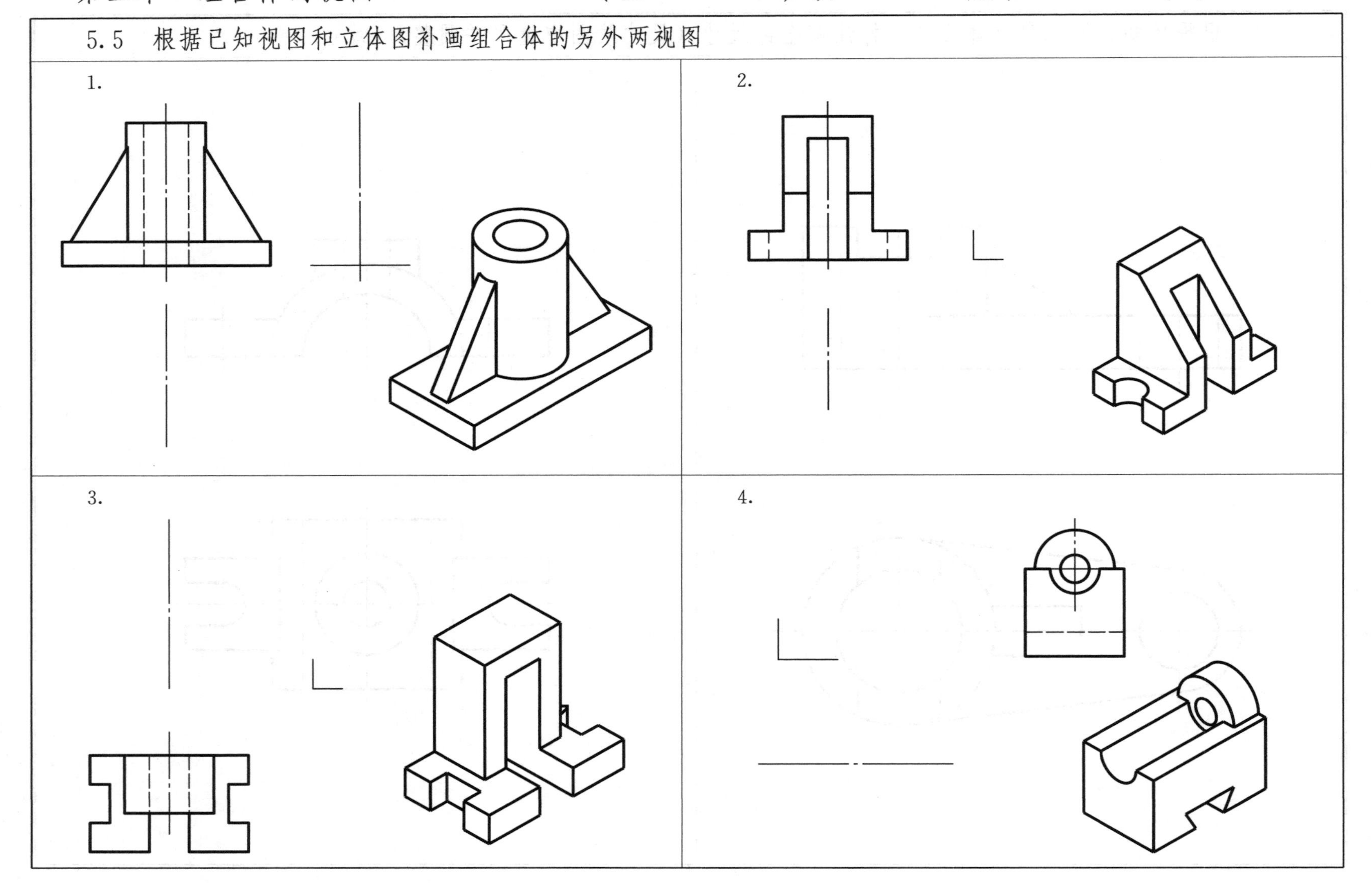

5.6　根据给出组合体的轴测图，画出其三视图，并标注尺寸（尺寸从图中量取）

1.	2.

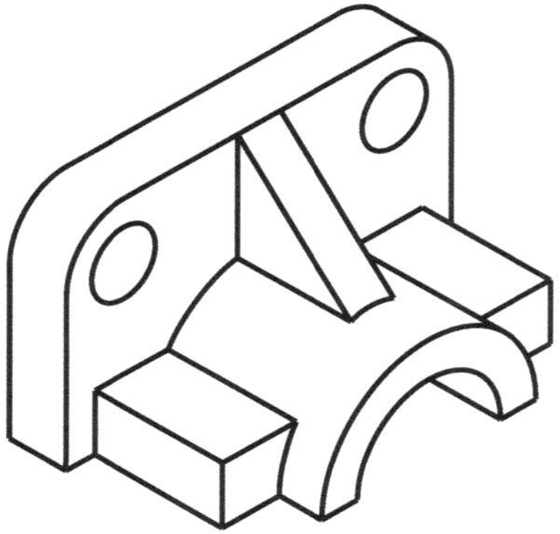

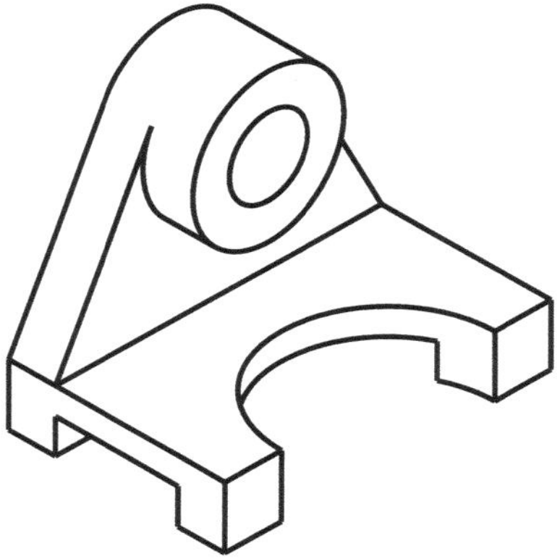

5.7 根据给出的立体图及尺寸，以适当的比例绘制组合体的三视图

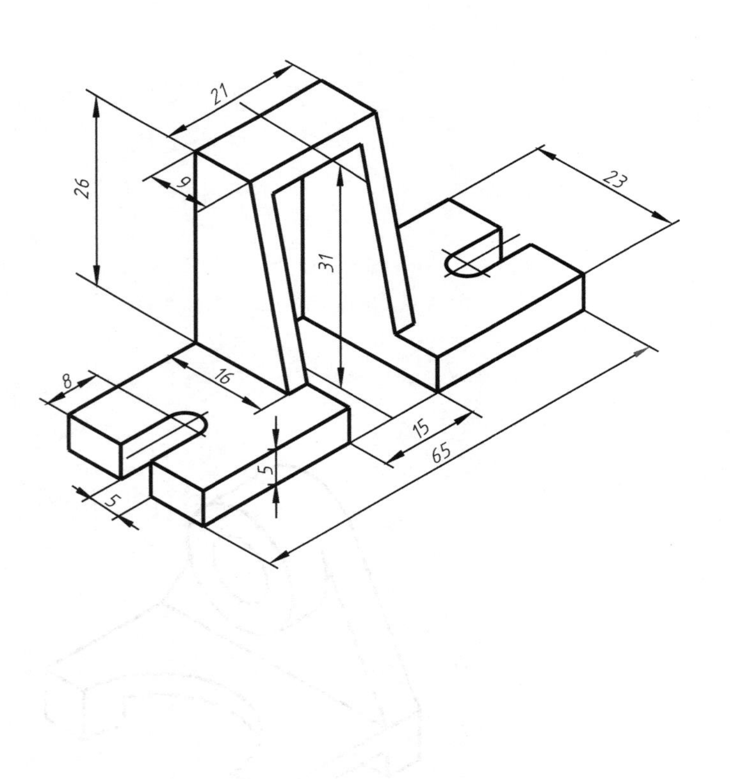

5.8 根据立体图及其尺寸，用1：1的比例绘制组合体的三视图

作业指导书

一、内容

绘制组合体三视图。

二、目的

1. 通过尺规绘图，加深对正投影原理的理解和应用，进一步熟练制图国家标准在图样上的具体表现。进一步掌握国标规定的尺寸标注内容。

2. 通过由立体图到平面图之间的转换，进一步掌握空间物体与三视图之间的一一对应关系，及形体分析法的运用。

三、要求

1. 选用A3号图纸，横放，绘图比例为1：1。

2. 粗、细线条严格遵守国标规定，做到深浅分明、粗细均匀、图面整洁美观。

3. 不用标注尺寸。

4. 图名为组合体三视图。

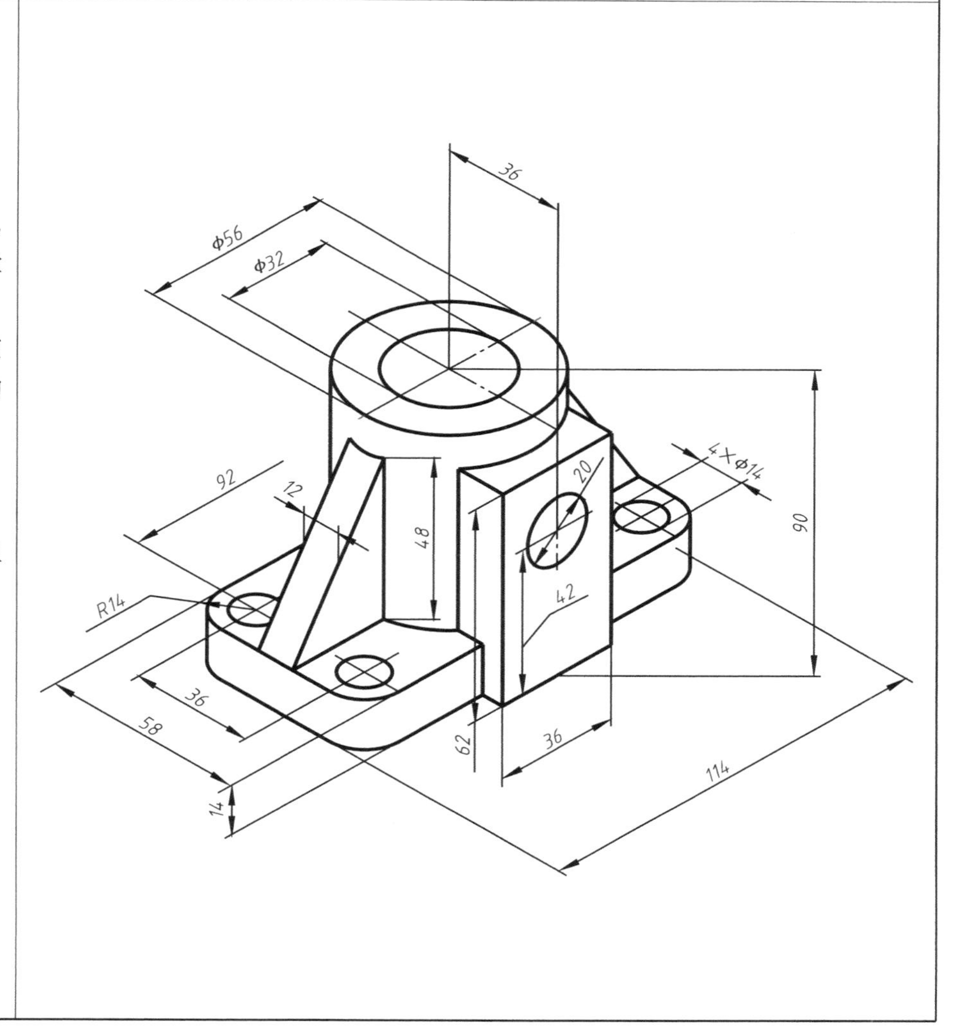

5.9　根据立体图及其尺寸，用1∶1的比例绘制组合体的三视图

作业指导书

一、内容

绘制组合体三视图。

二、目的

1. 通过尺规绘图，加深对正投影原理的理解和应用，进一步熟练制图国家标准在图样上的具体表现。进一步掌握国标规定的尺寸标注内容。

2. 通过由立体图到平面图之间的转换，进一步掌握空间物体与三视图之间的一一对应关系，及形体分析法的运用。

三、要求

1. 选用A3号图纸，横放，绘图比例为1∶1。

2. 粗、细线条严格遵守国标规定，做到深浅分明、粗细均匀、图面整洁美观。

3. 标注全部尺寸。

4. 图名为组合体三视图，按要求填写标题栏。

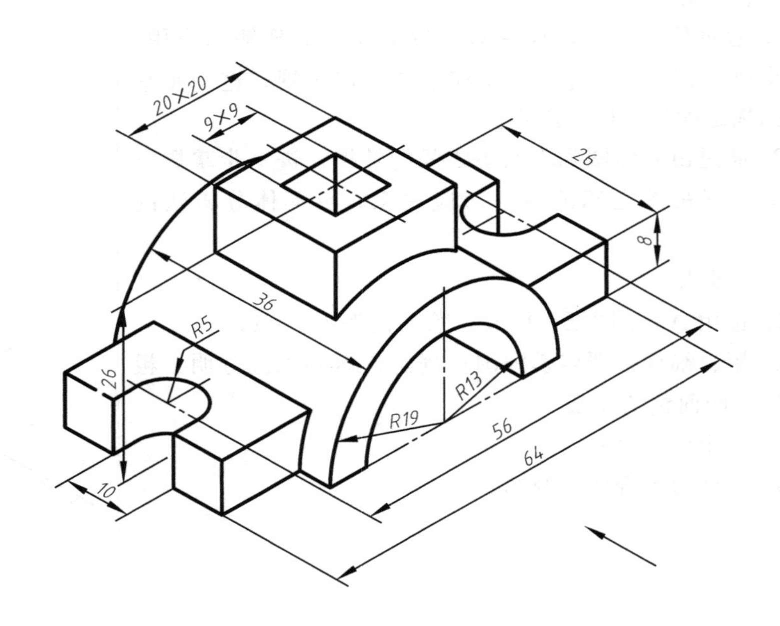

5.10 根据立体图，绘制组合体的三视图

作业指导书

一、内容

绘制组合体三视图。

二、目的

1. 通过尺规绘图，加深对正投影原理的理解和应用，进一步熟练制图国家标准在图样上的具体表现。

2. 通过对轴测图尺寸的测量，初步了解轴测图的测量方法及其与三视图尺寸度量的关系。

3. 通过本次练习，进一步提高绘图速度。

三、要求

1. 选用适当的比例与图幅，绘制三视图，尺寸按轴测图 1∶1 量取。

2. 粗、细线条严格遵守国标规定，做到深浅分明、粗细均匀、图面整洁美观。

3. 不用标注尺寸。

4. 图名为组合体三视图。

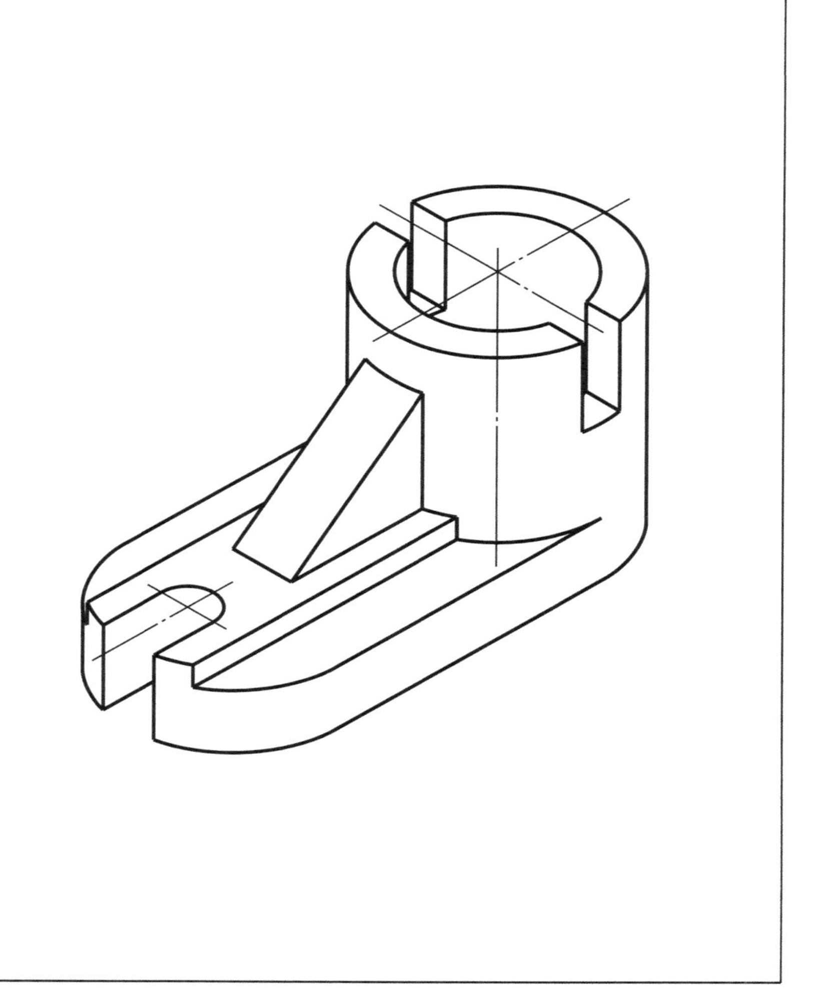

5.11　组合体构型设计

1. 根据给出的视图构想不同的形体，补画其主视图，并徒手绘制它们的立体图。

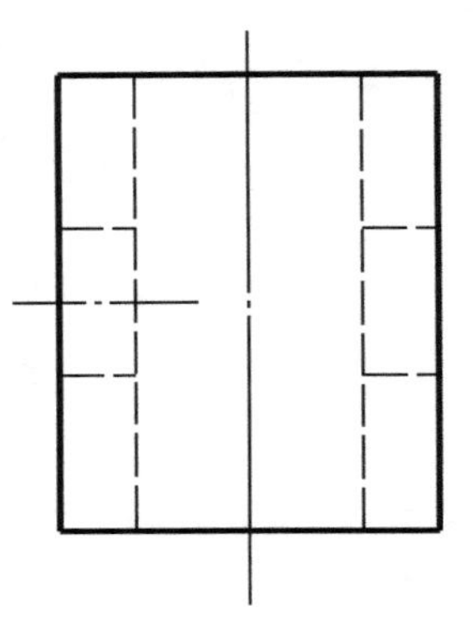

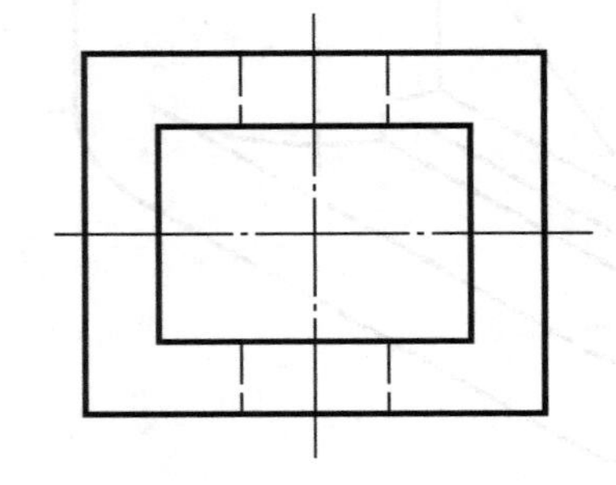

5.11 组合体构型设计（续）

2. 根据给出的视图尽可能多的构想不同的形体，并补画其左视图。

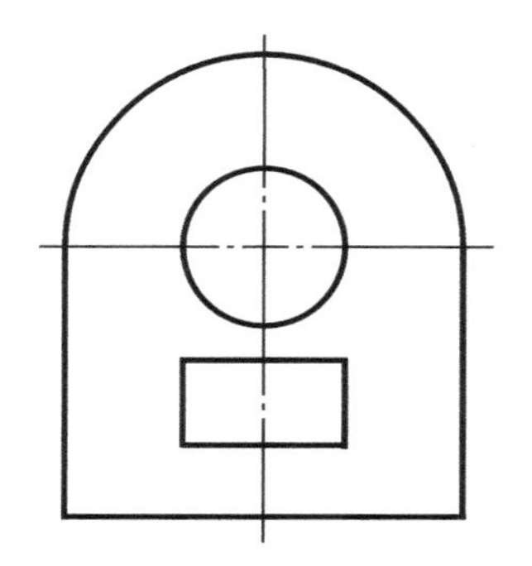

5.11 组合体构型设计（续）

3. 根据给出的俯视图，构想不同形体，并补画其主、左两视图。

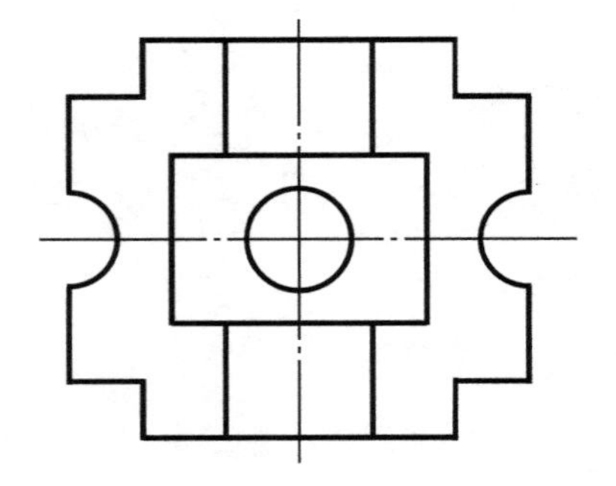

6.1 根据主、俯、左视图，补画右、后、仰视图

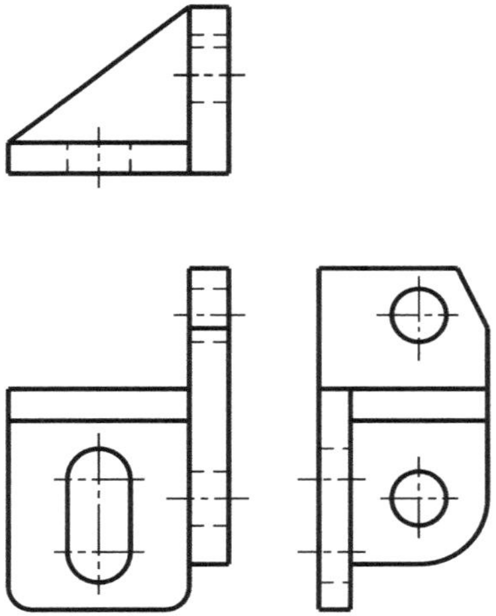

6.2 根据轴测图，对向视图进行标注

6.3　画出斜视图 *A* 和局部视图 *B*

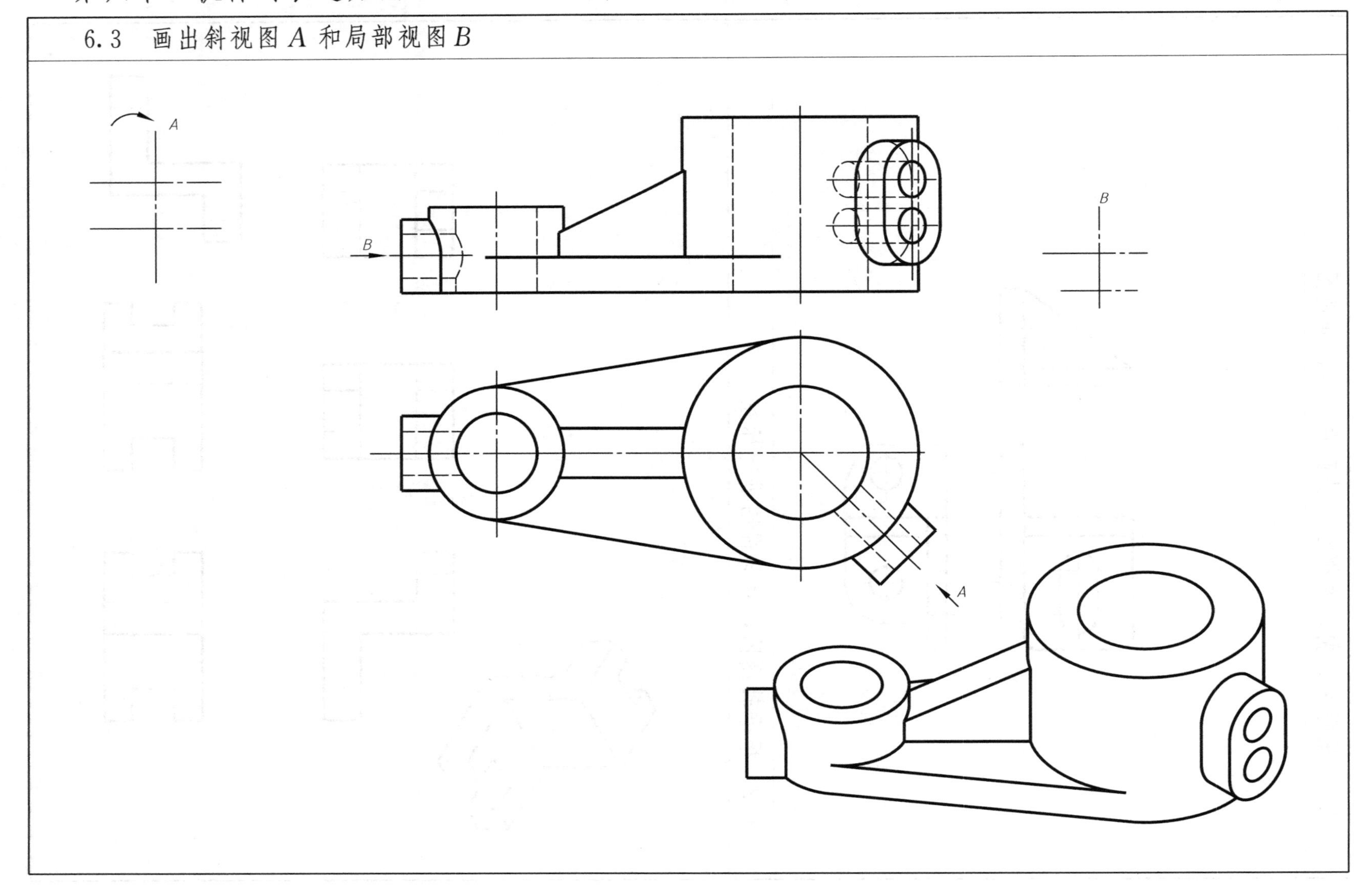

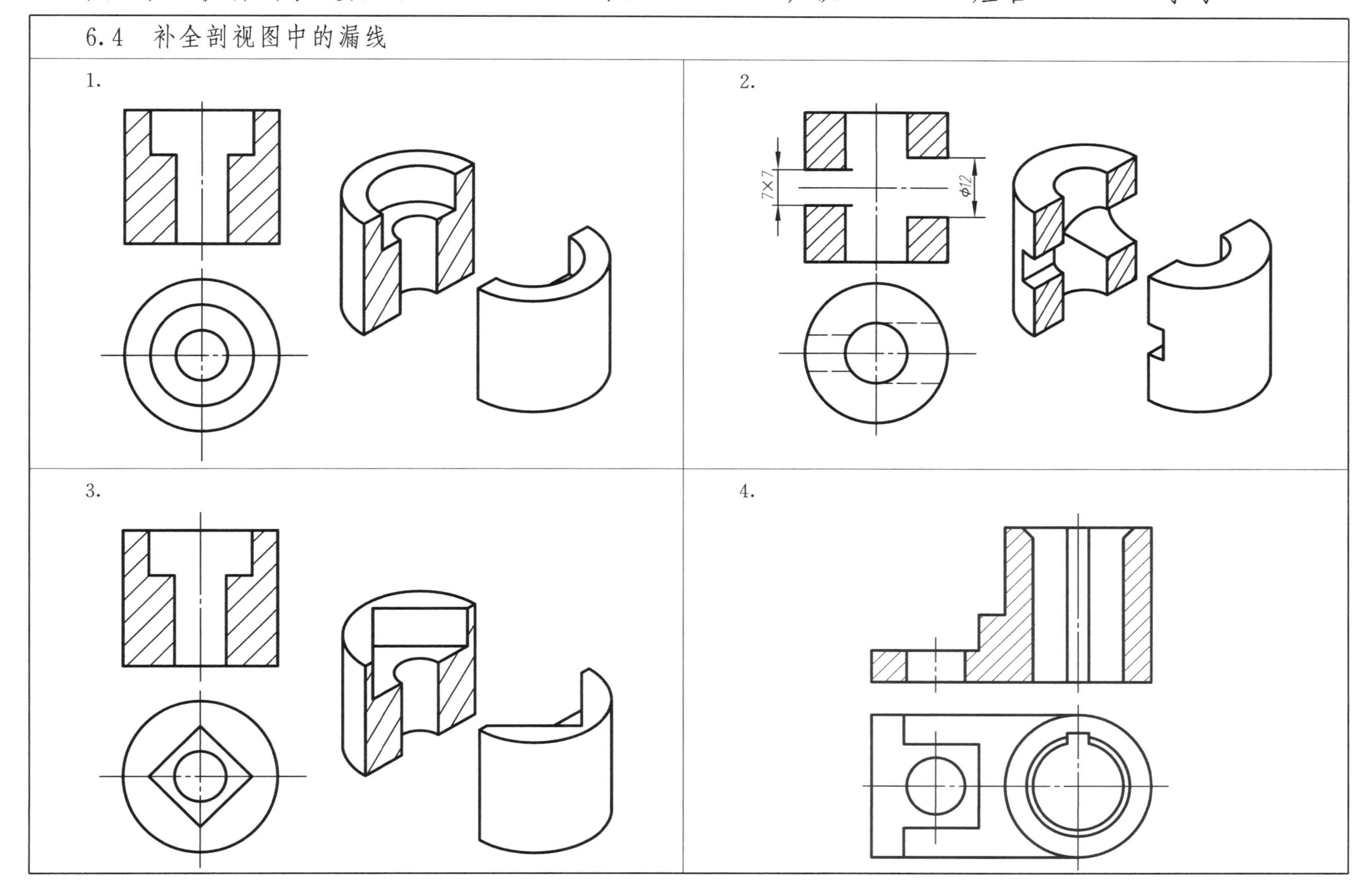
6.4　补全剖视图中的漏线
1.
2.
7×7
φ12
3.
4.

6.4 补全剖视图中的漏线（续）

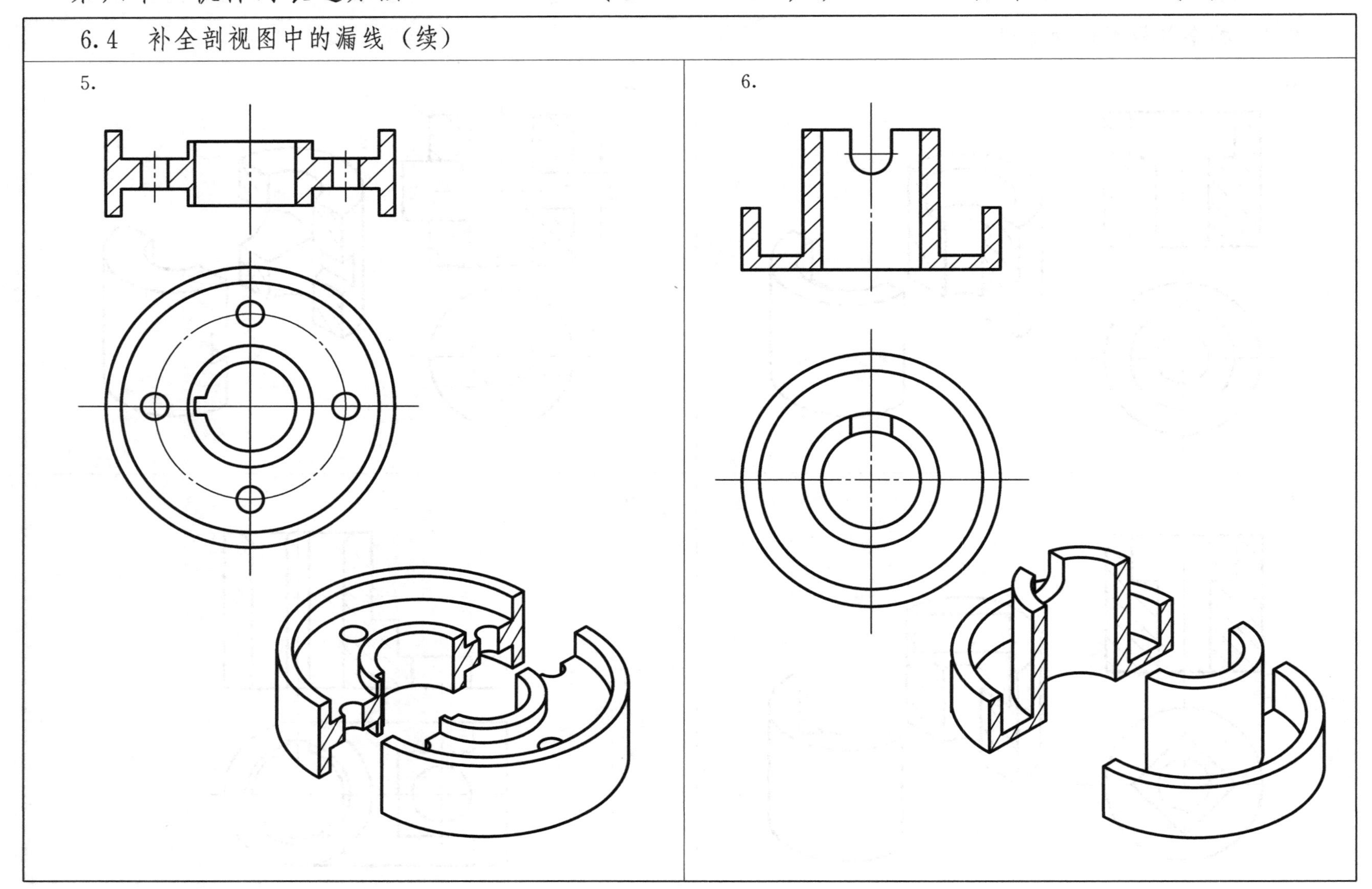

6.5 在指定位置画出全剖的主视图或左视图

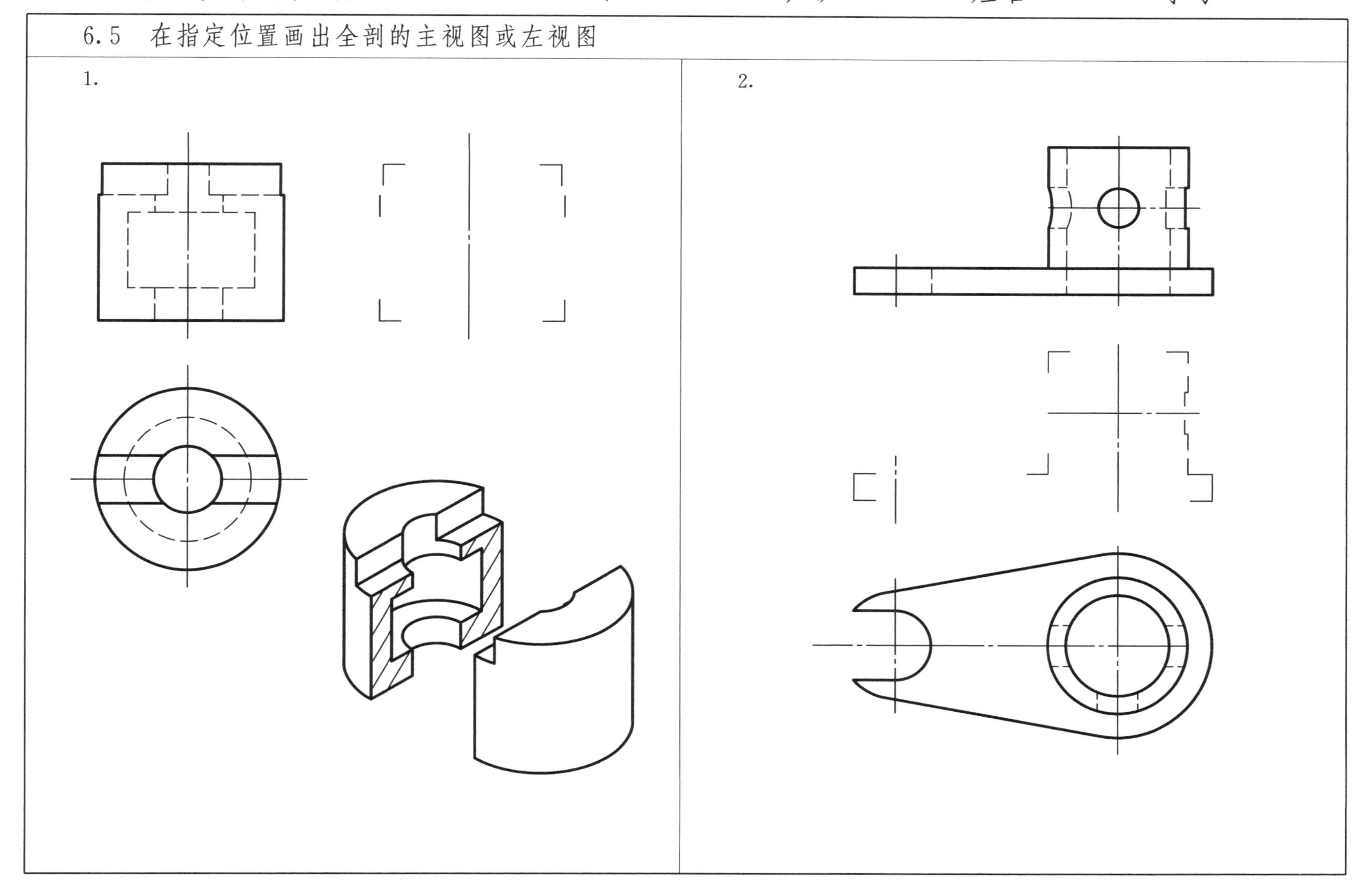

6.5 在指定位置画出全剖的主视图或左视图（续）

3.

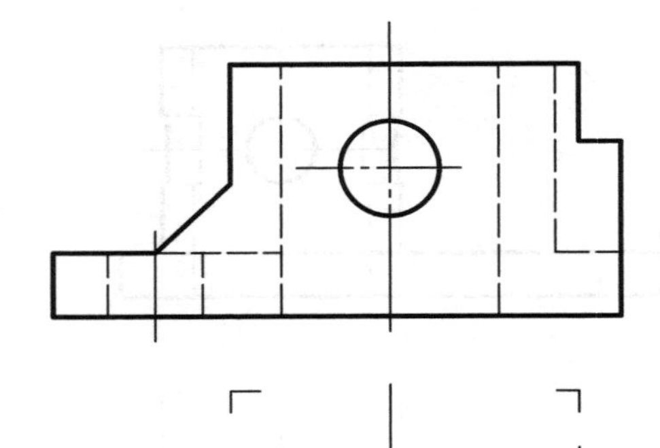

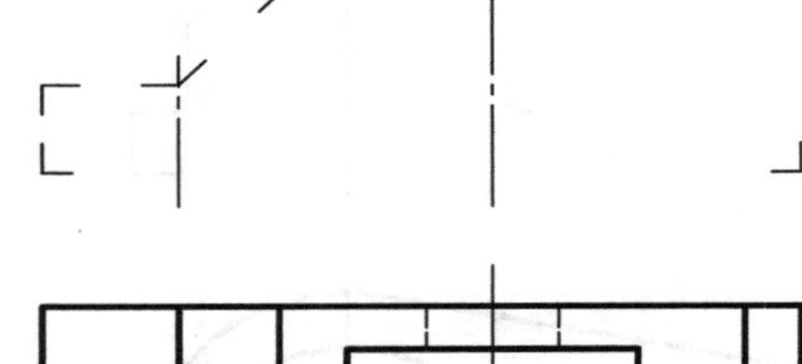

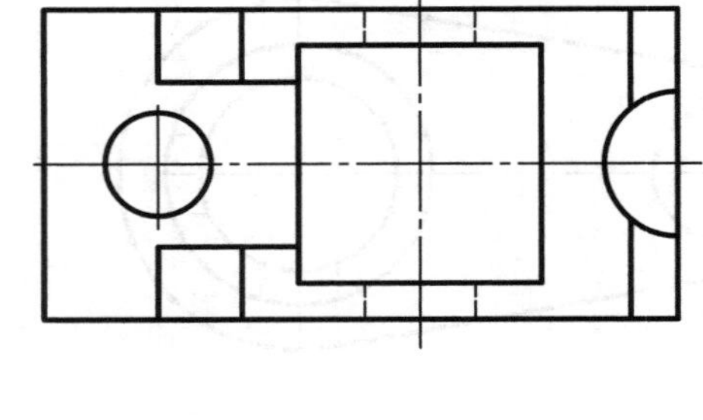

4.

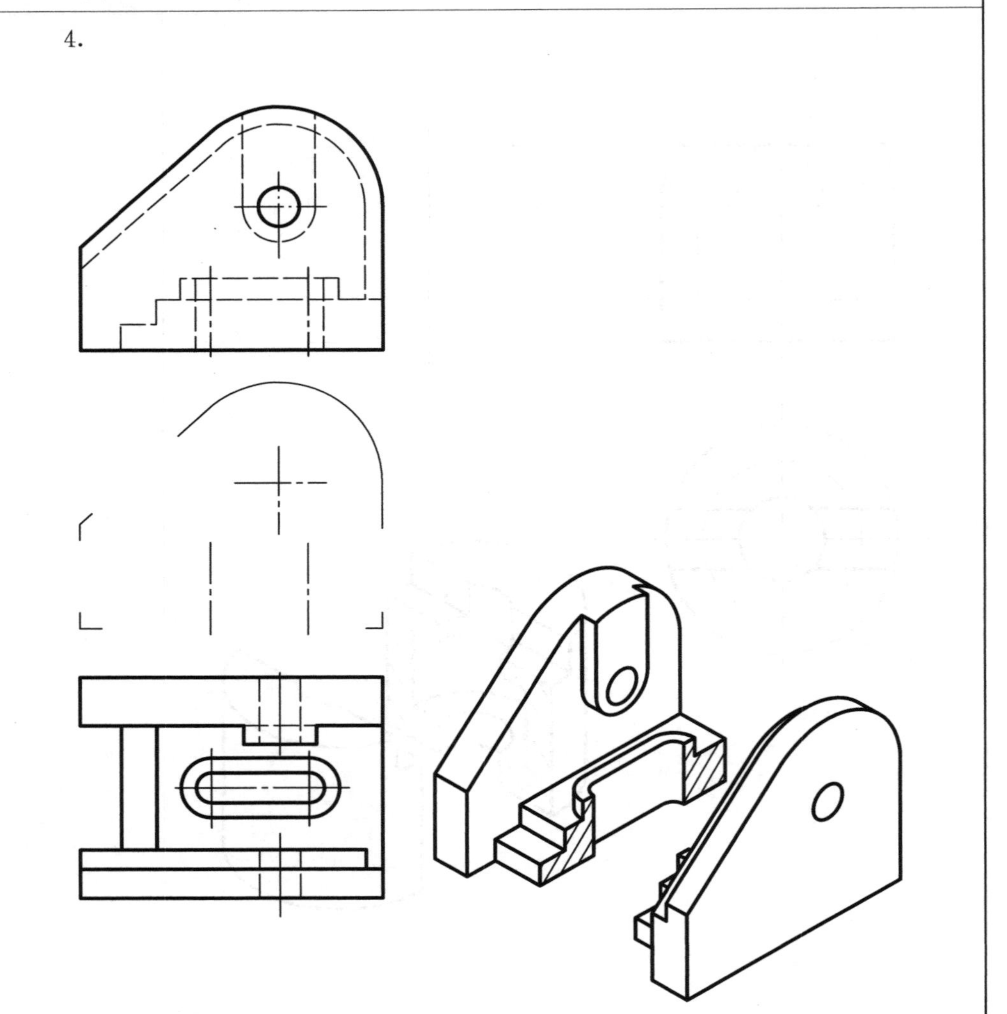

6.5　在指定位置画出全剖的主视图或左视图（续）

5.

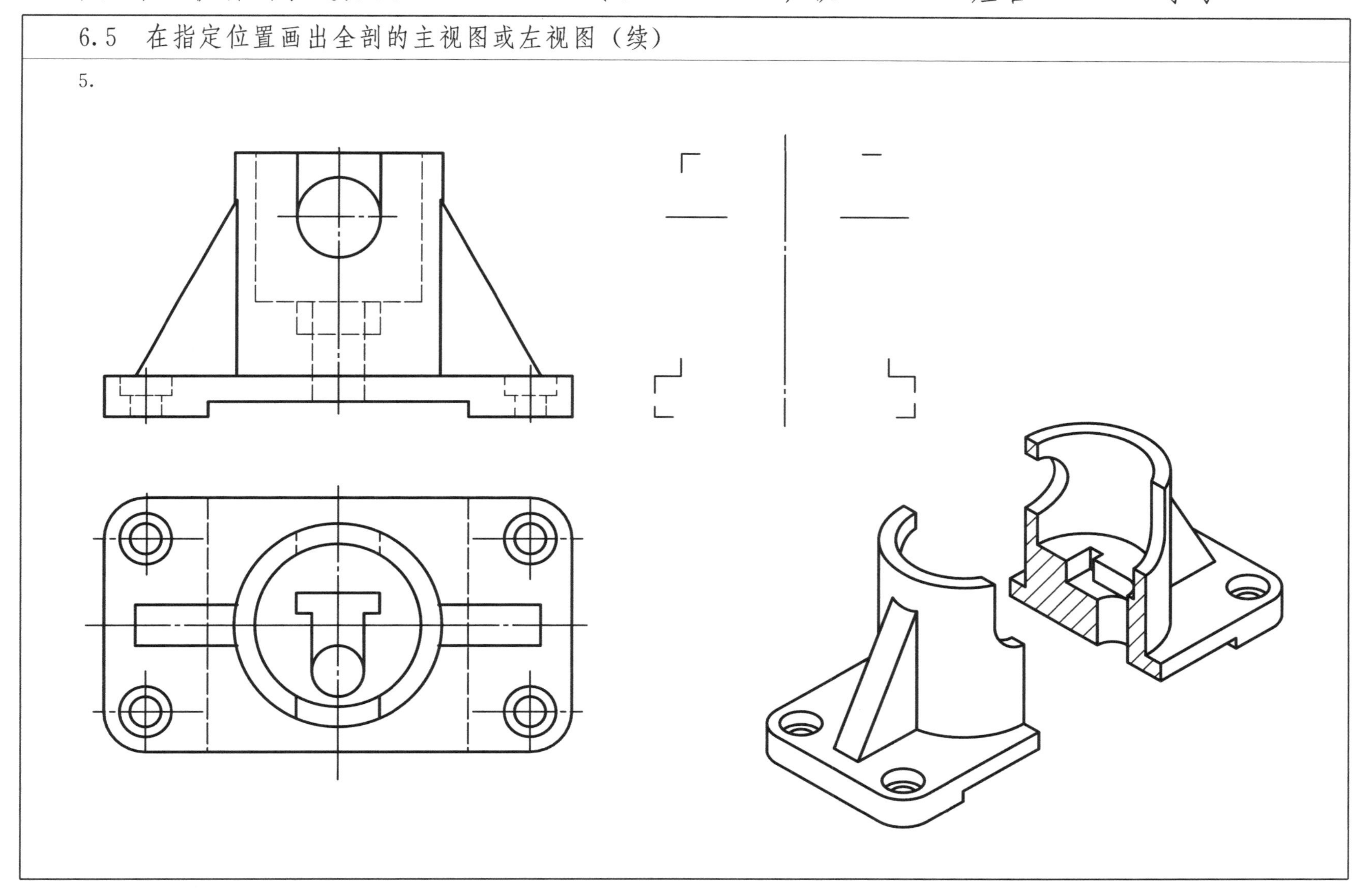

6.6 在指定位置画出半剖的主视图或左视图

1.

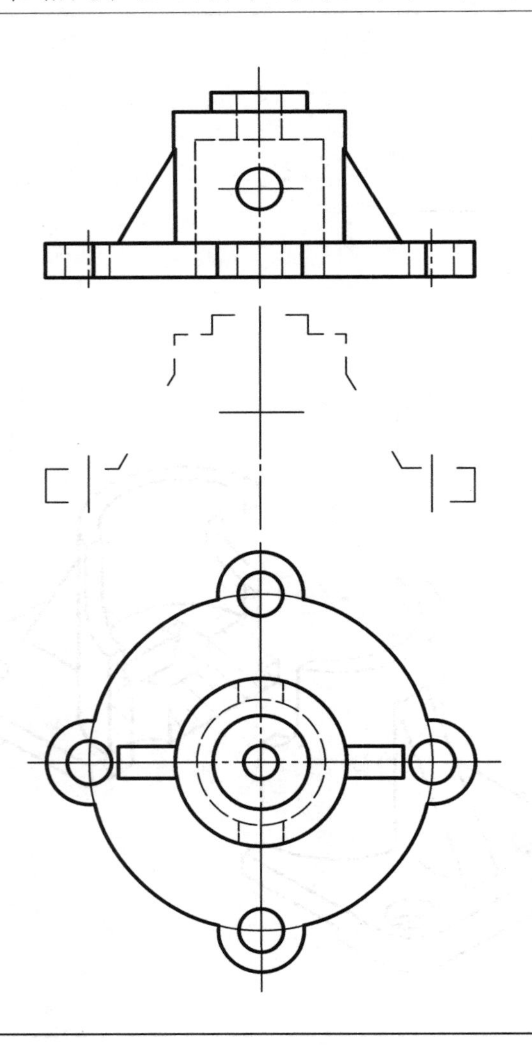

2.

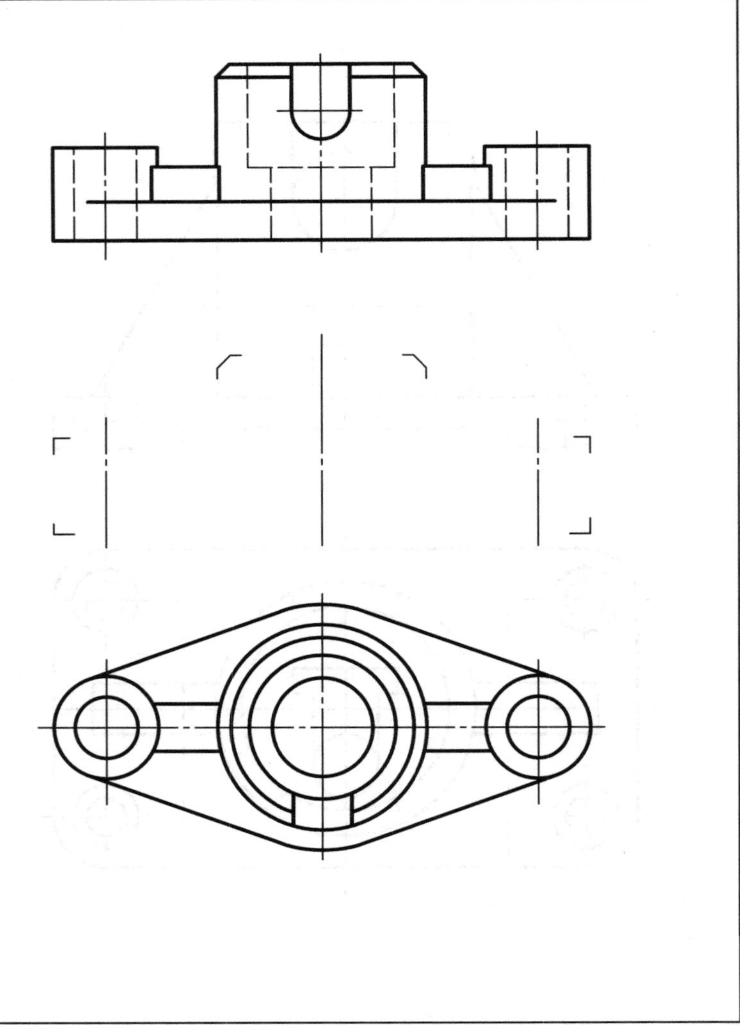

6.6　在指定位置画出半剖的主视图或左视图（续）

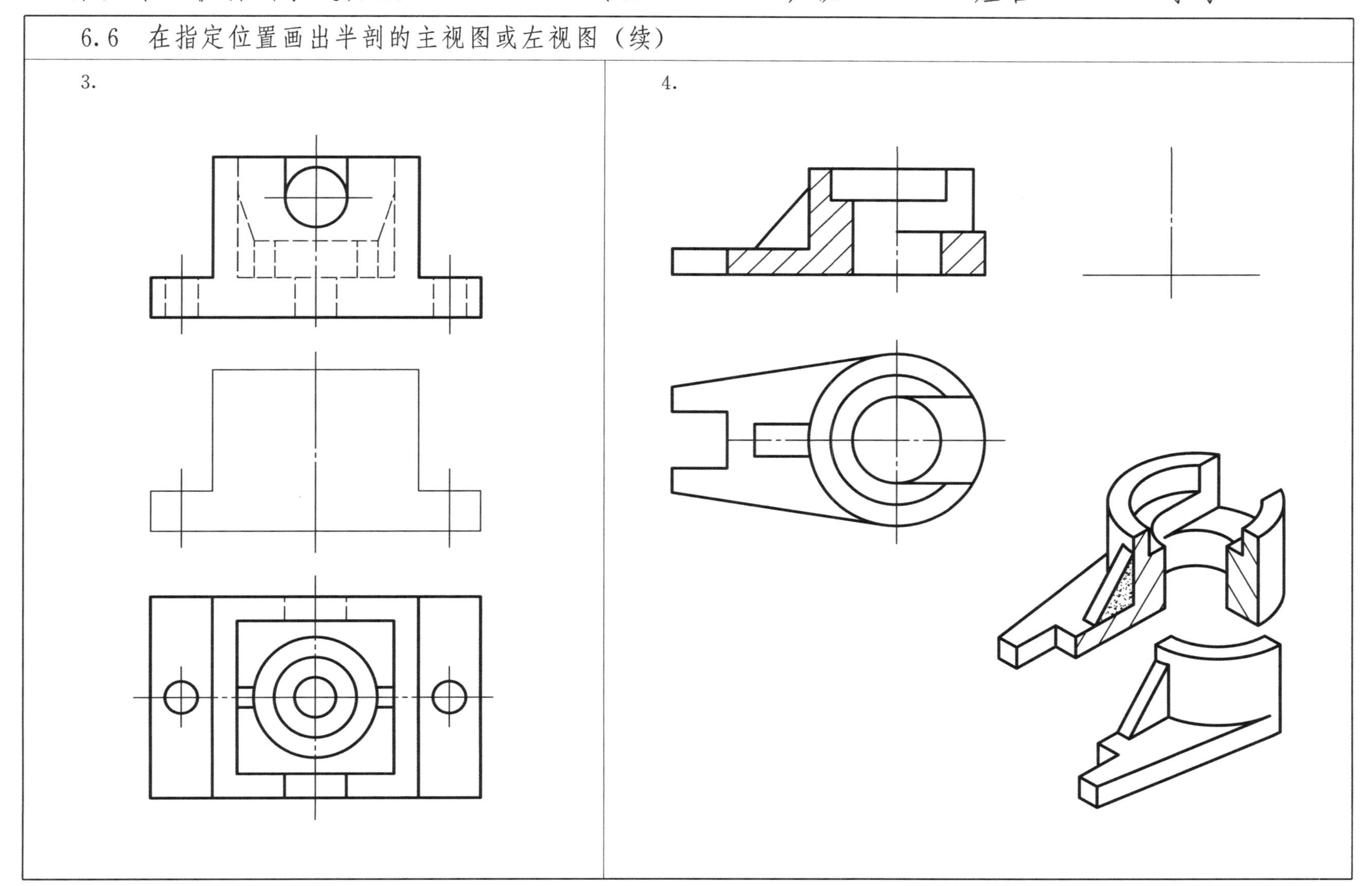

6.7 在指定位置画出全剖的主视图和半剖的左视图

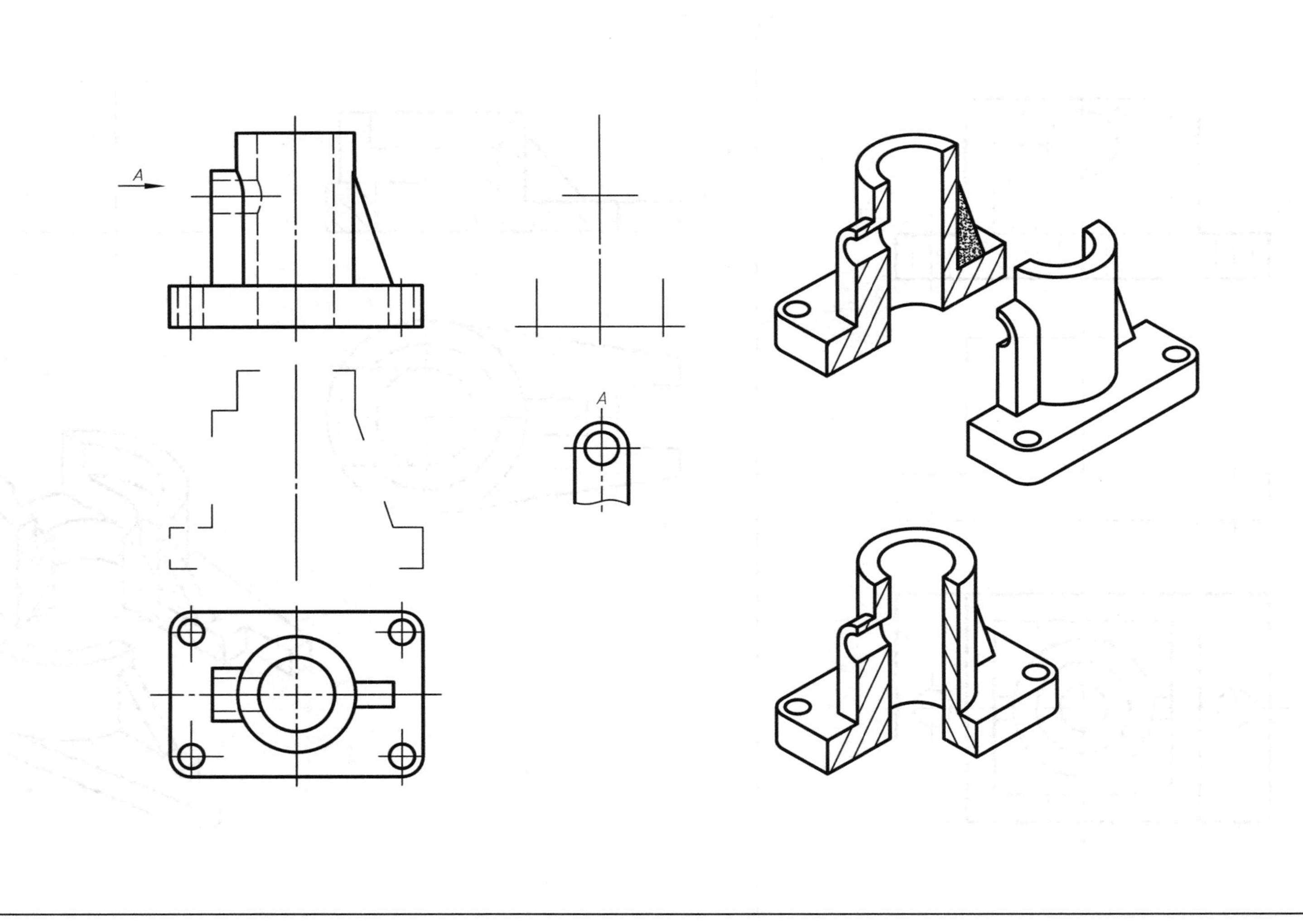

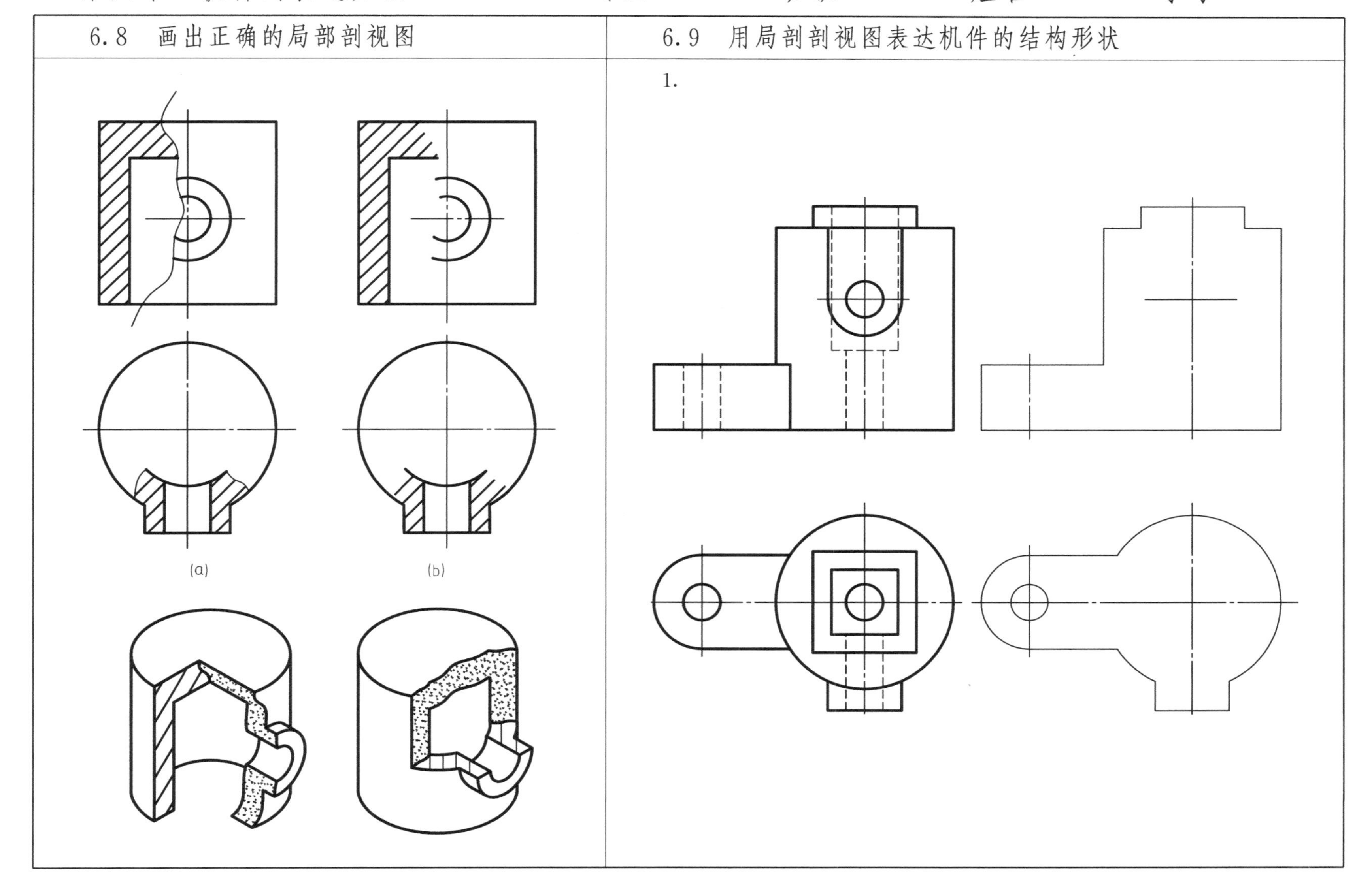
6.8 画出正确的局部剖视图
(a)
(b)
6.9 用局剖剖视图表达机件的结构形状
1.

6.9　用局剖剖视图表达机件的结构形状（续）

2.

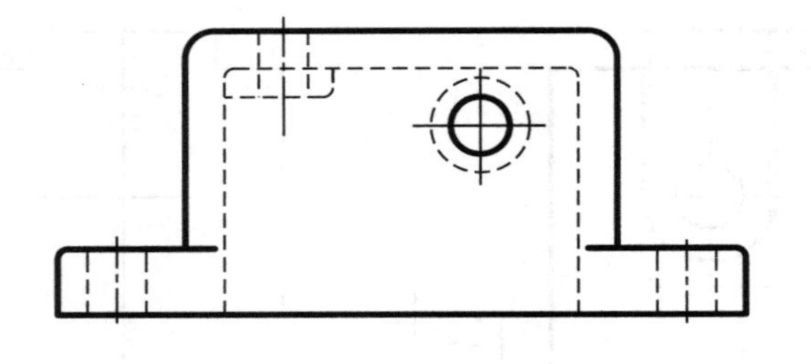

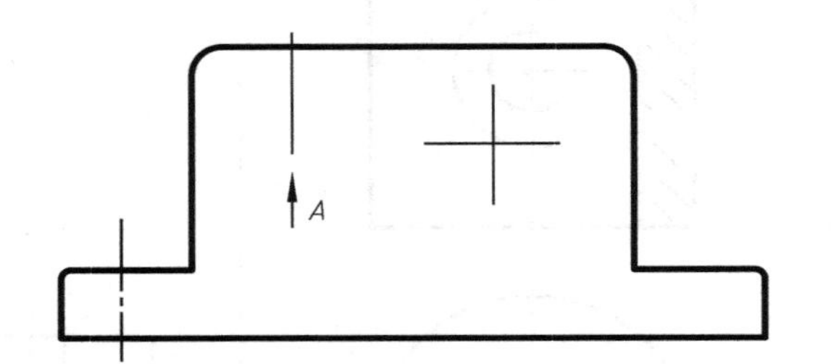

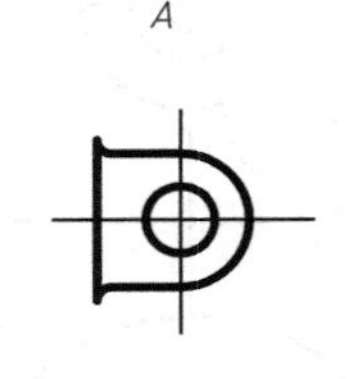

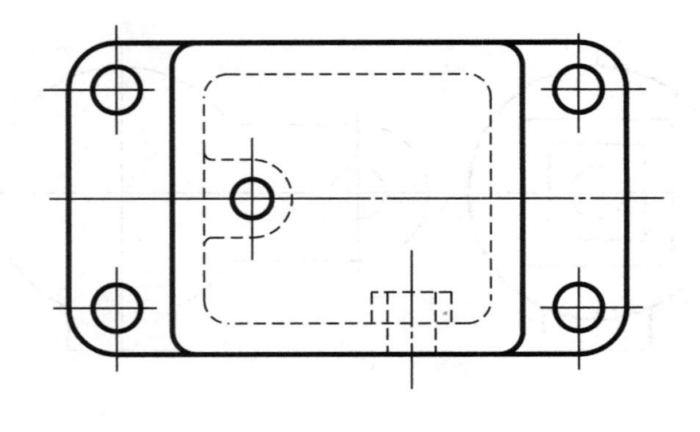

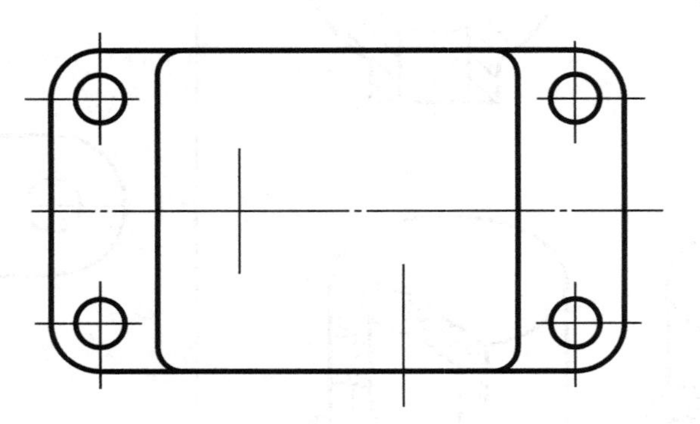

6.10　用旋转剖的方法把主视图画成全剖视图

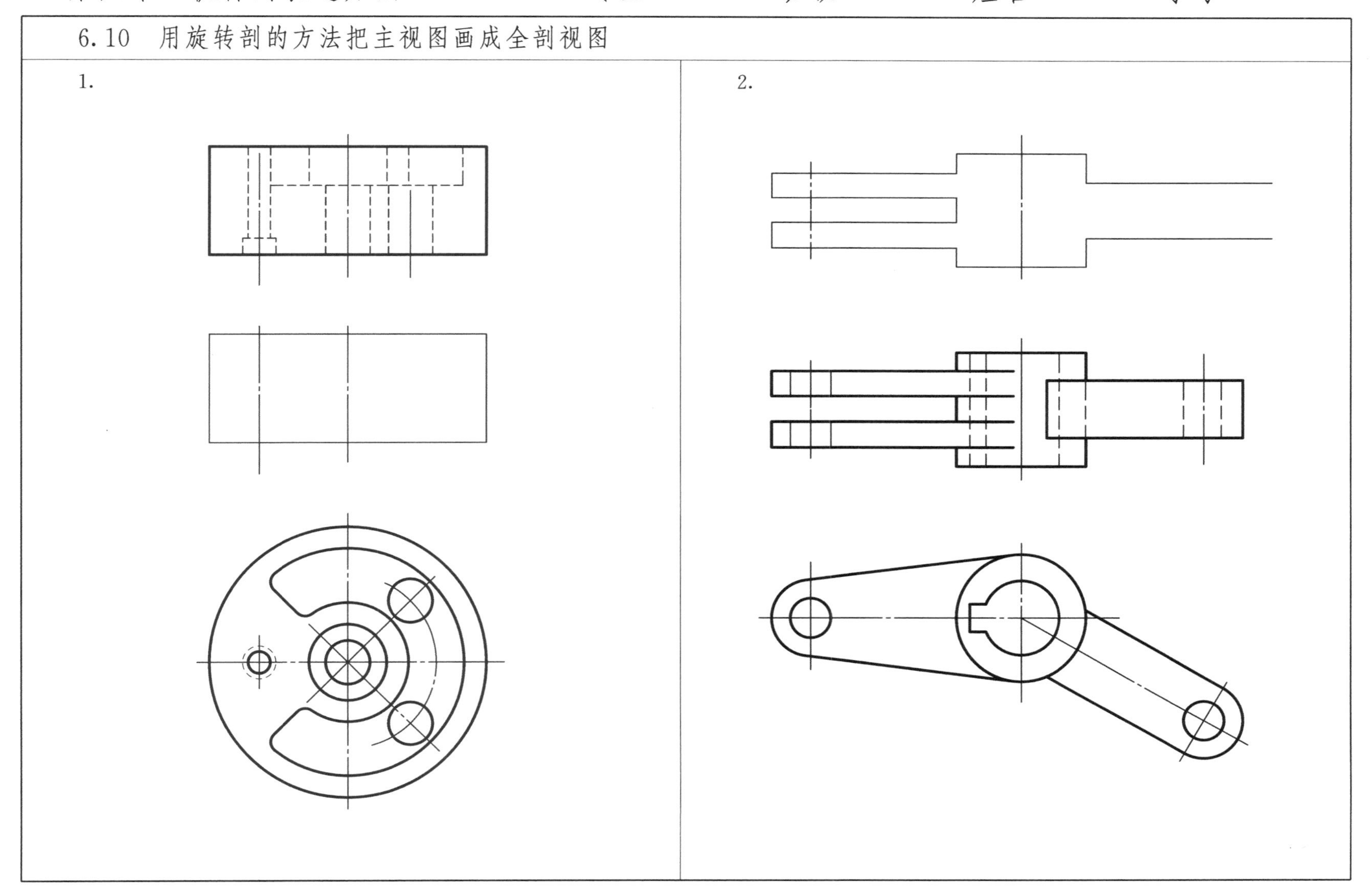

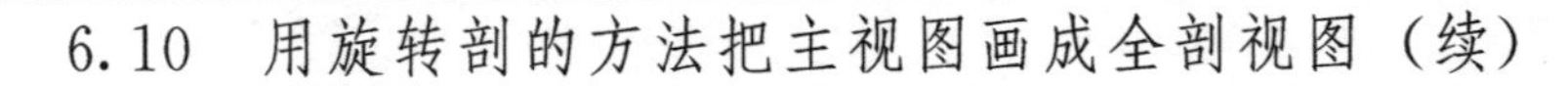

6.10　用旋转剖的方法把主视图画成全剖视图（续）

3.

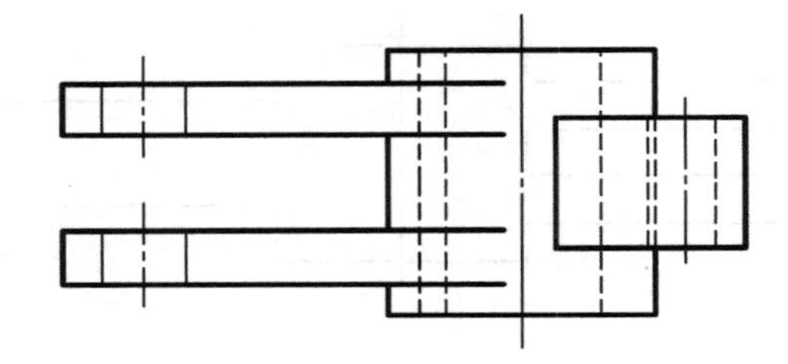

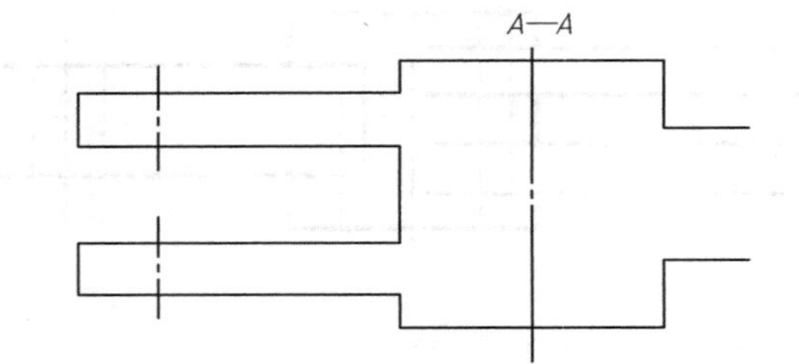

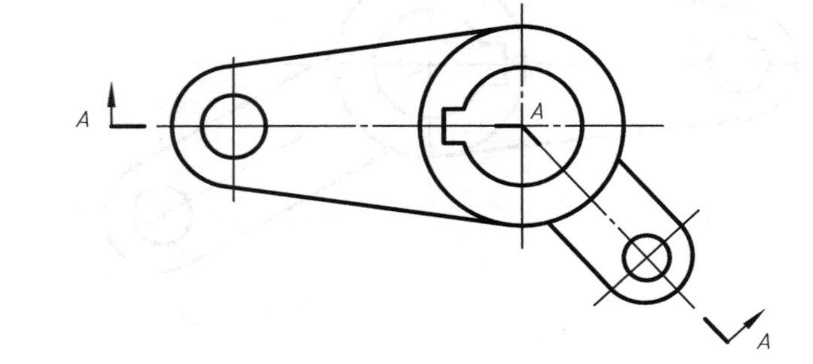

4.

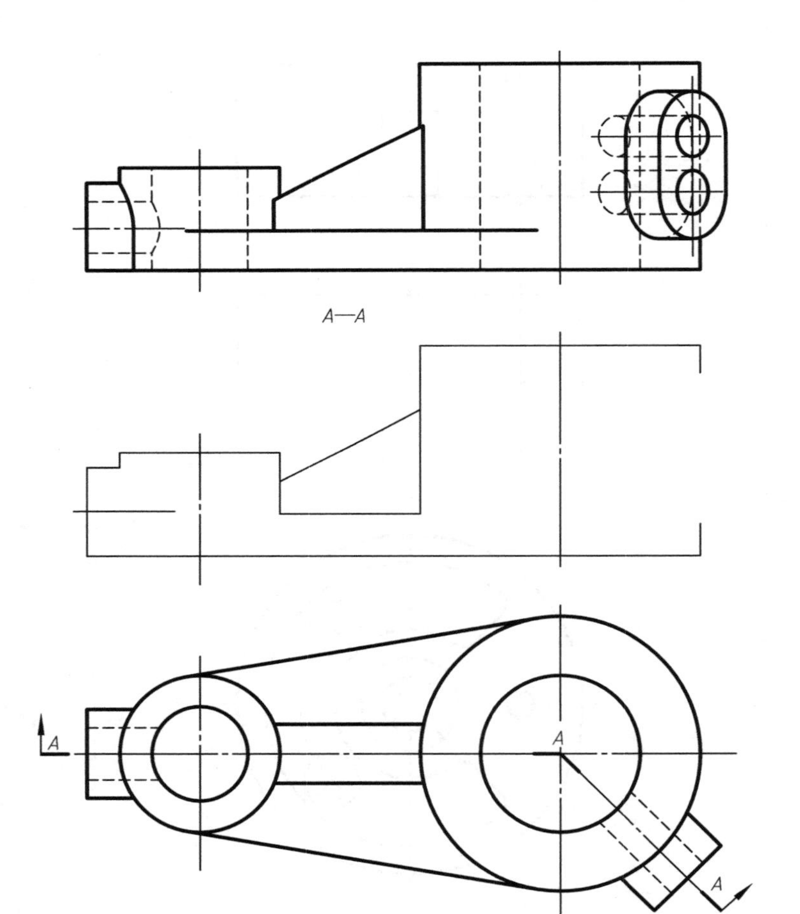

6.11 用阶梯剖的方法把主视图画成全剖视图

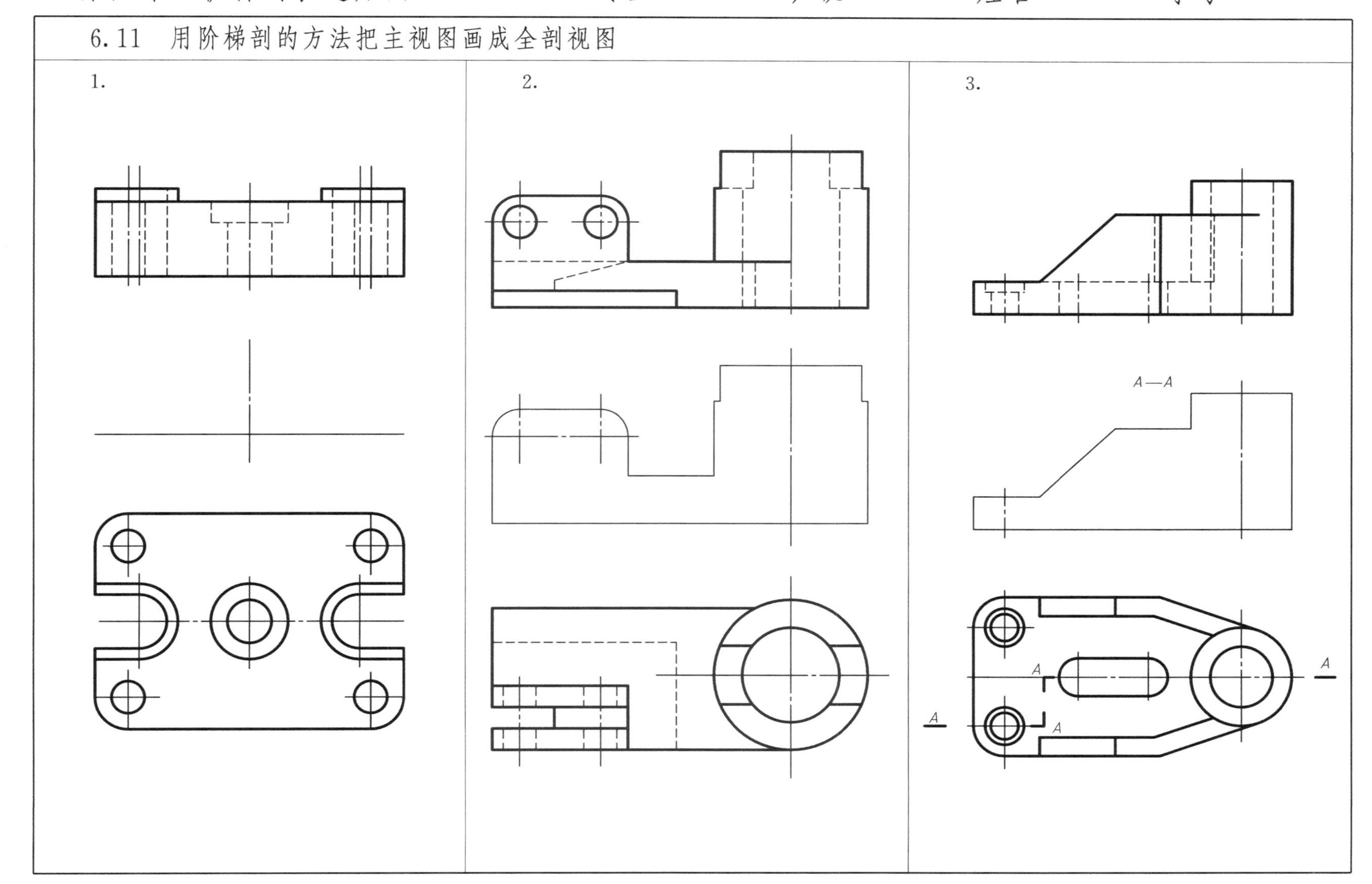

6.12　用斜剖的方法画出 A—A 全剖视图

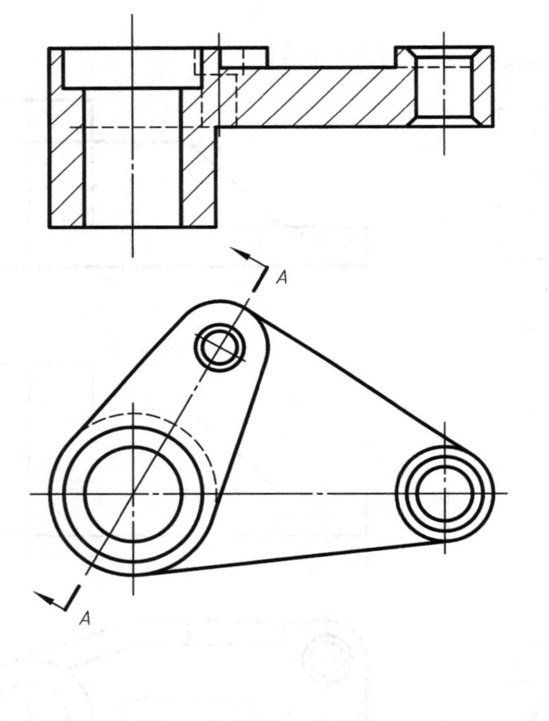

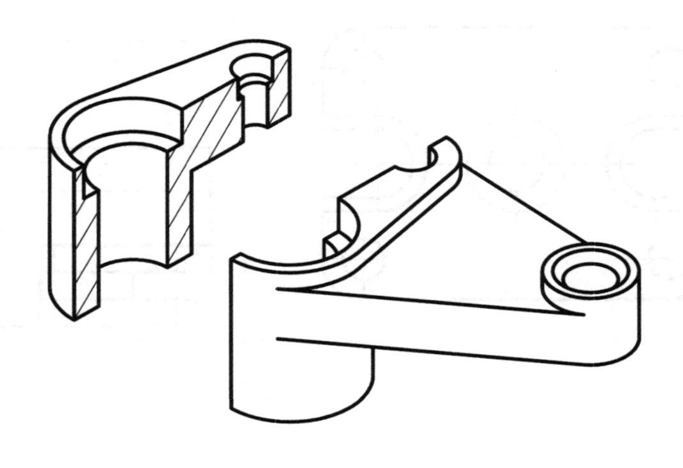

6.13 用组合剖切的方法把主视图画成全剖视图

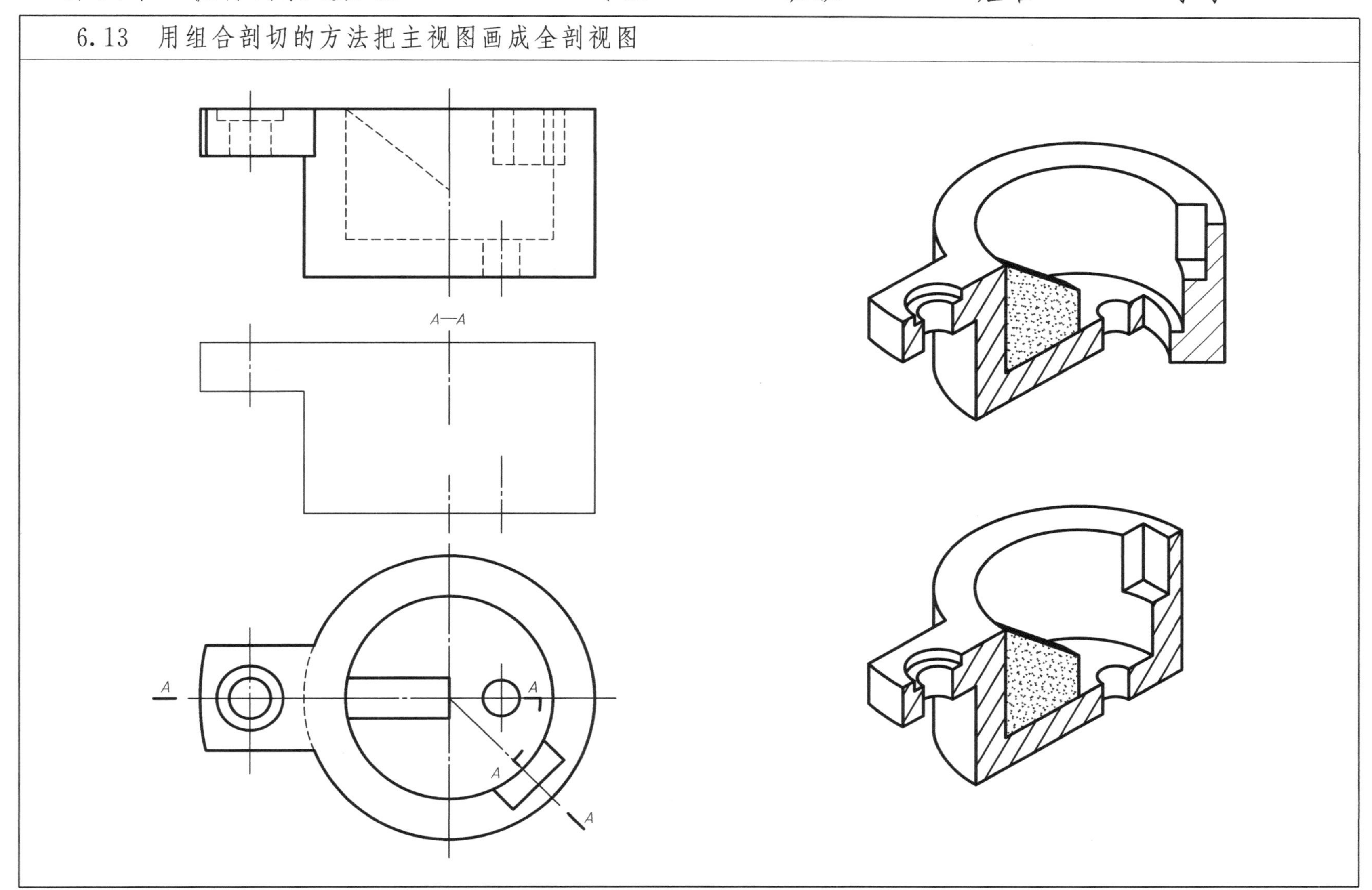

6.14 在指定位置作断面图

1. 在指定位置作出重合断面图。

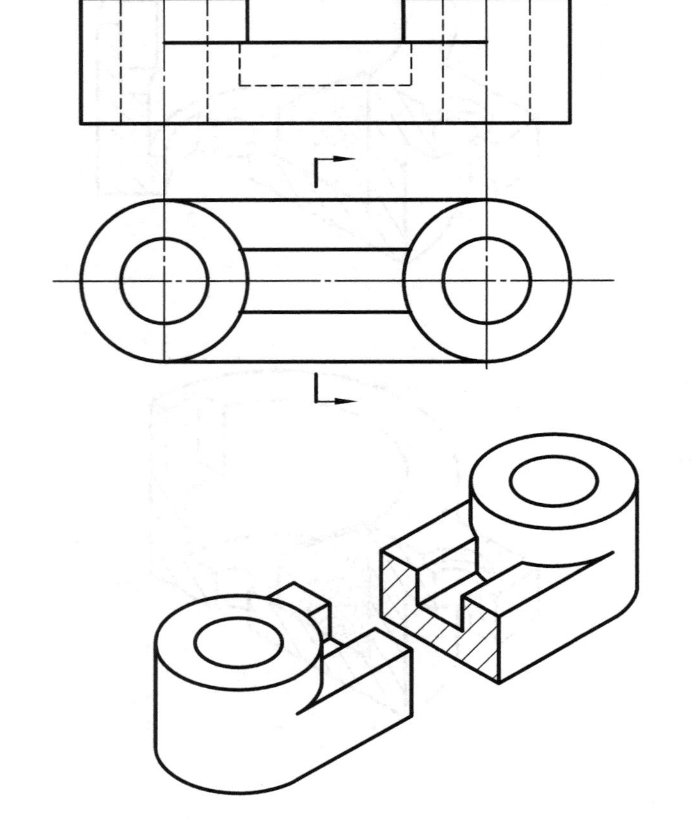

2. 在指定位置作出移出断面图。

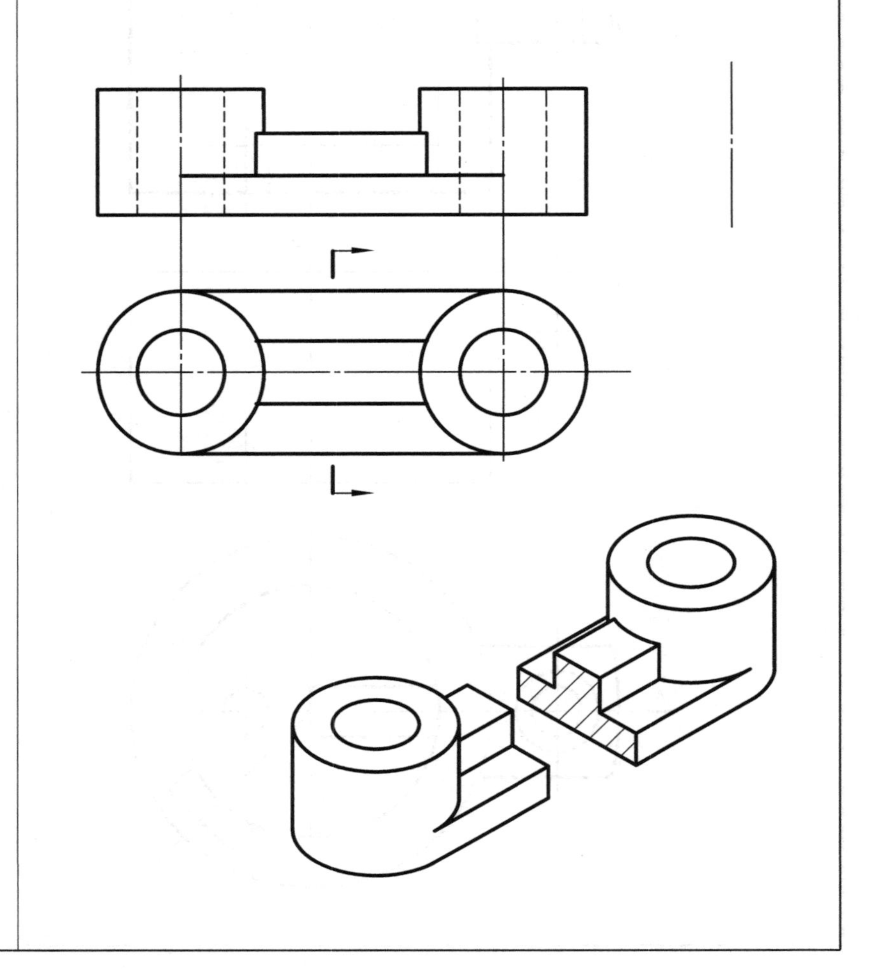

6.15 根据主视图，选择正确的断面图（单面普通平键的键槽深 4mm，半圆键槽深 6.5mm）

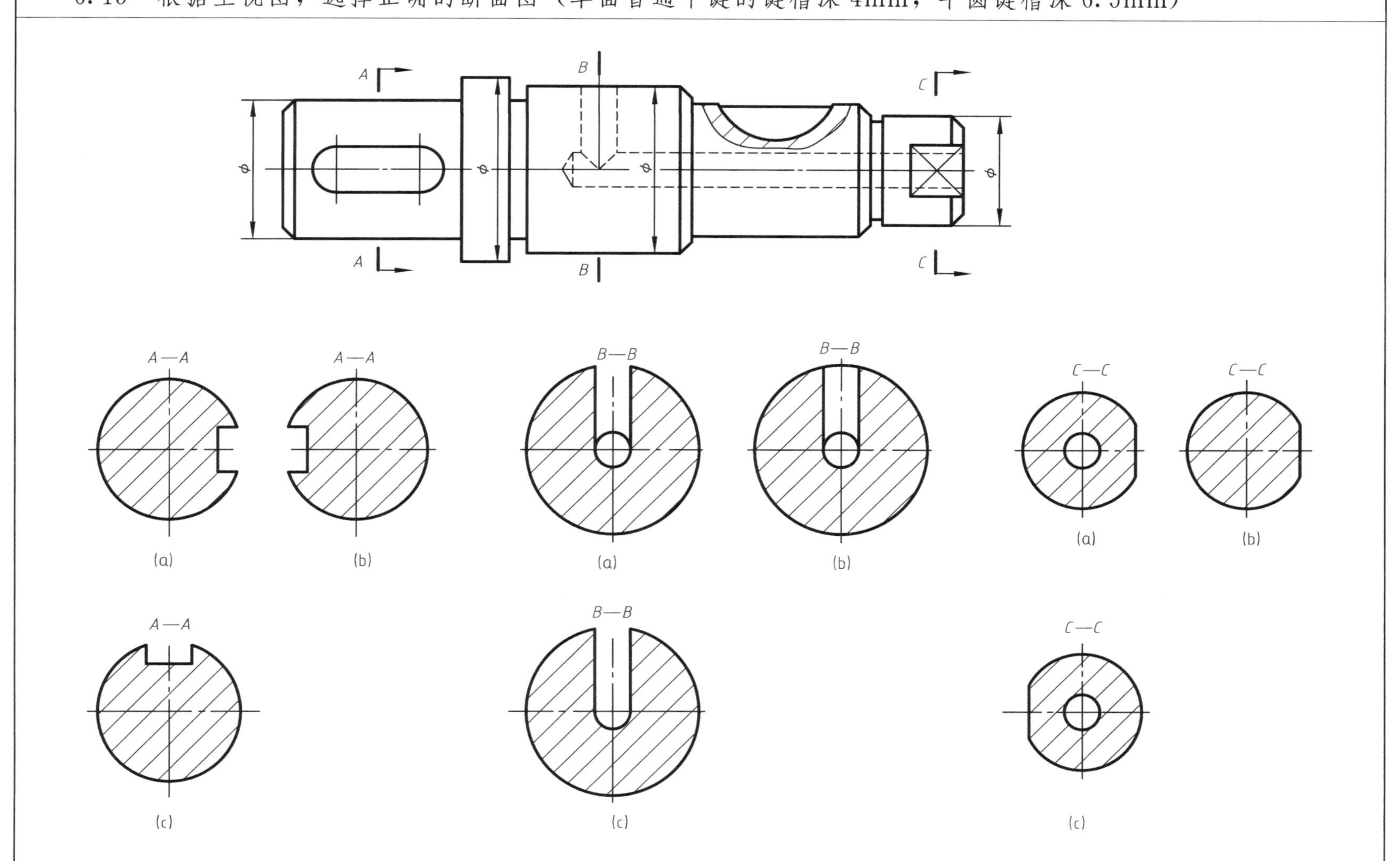

6.16　按规定画法，把主视图改画成剖视图

1. 改画成半剖视图。

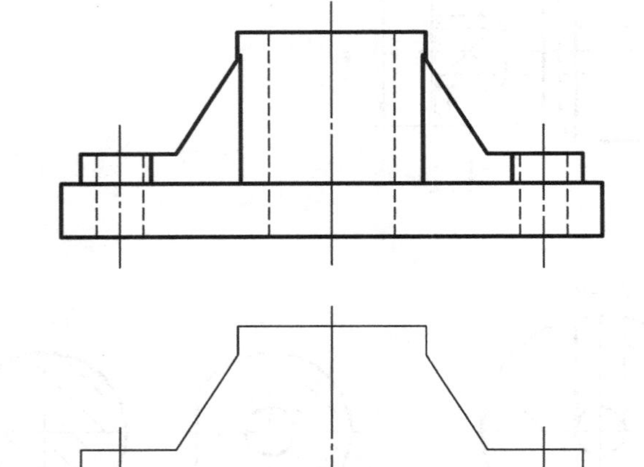

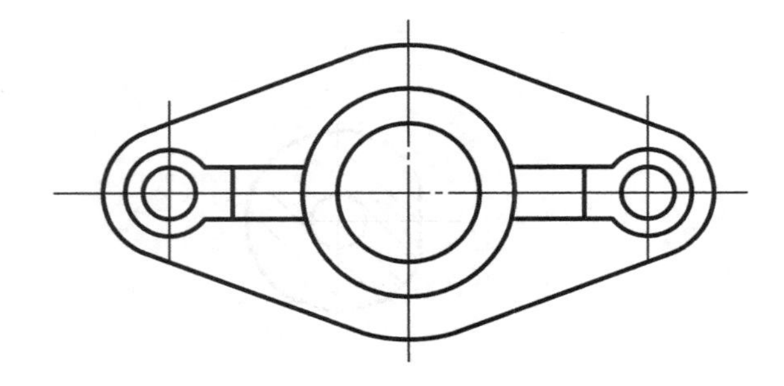

2. 改画成全剖视图。

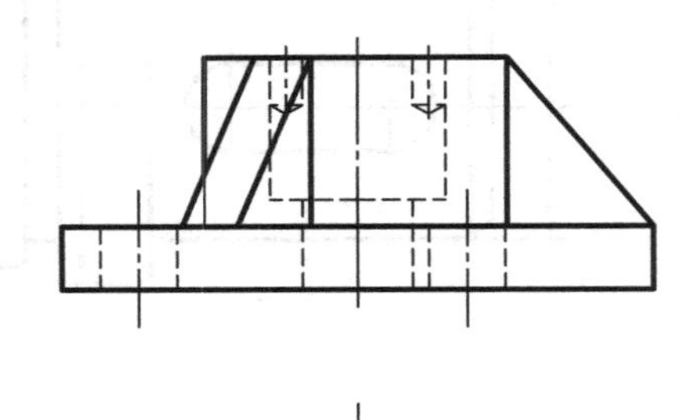

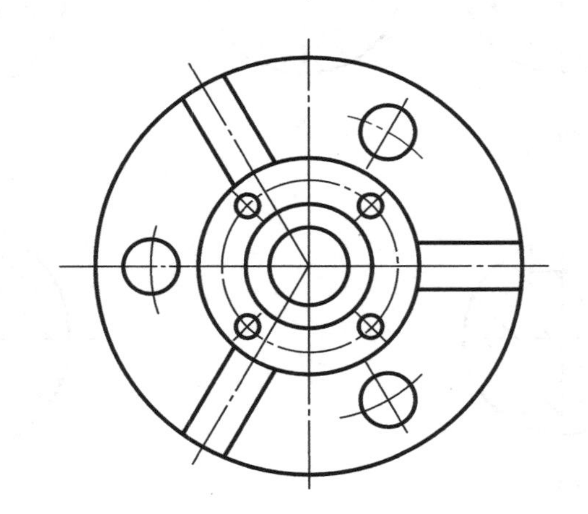

6.17　机件的表达

作业指导书

一、内容

选用恰当的表达方案表达机件。

二、目的

熟悉各种表达方法的适用条件，学会机件表达方法的综合应用，能正确绘制剖视图，并按规定进行标注。

三、要求

1. 选用A4图纸，竖放，比例自定。
2. 可以从不同的角度多考虑几个方案进行比较，选择简练、清晰的方案表达机件，要求将机件的内外结构形状表达清楚。
3. 尺寸标注要求正确、完整、清晰。
4. 用计算机绘图时，应创建样板文件作图。

1.

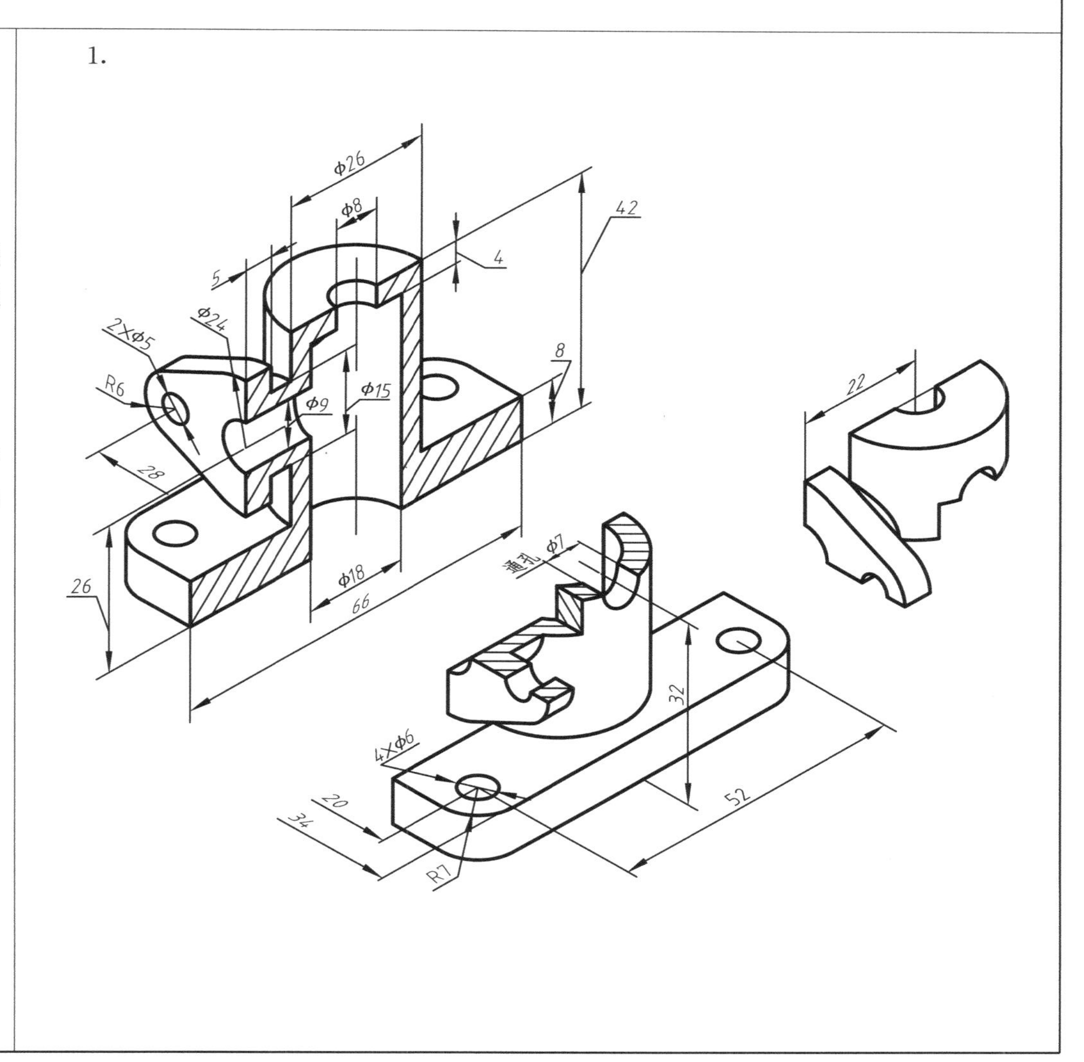

6.17 机件的表达（续）

2.

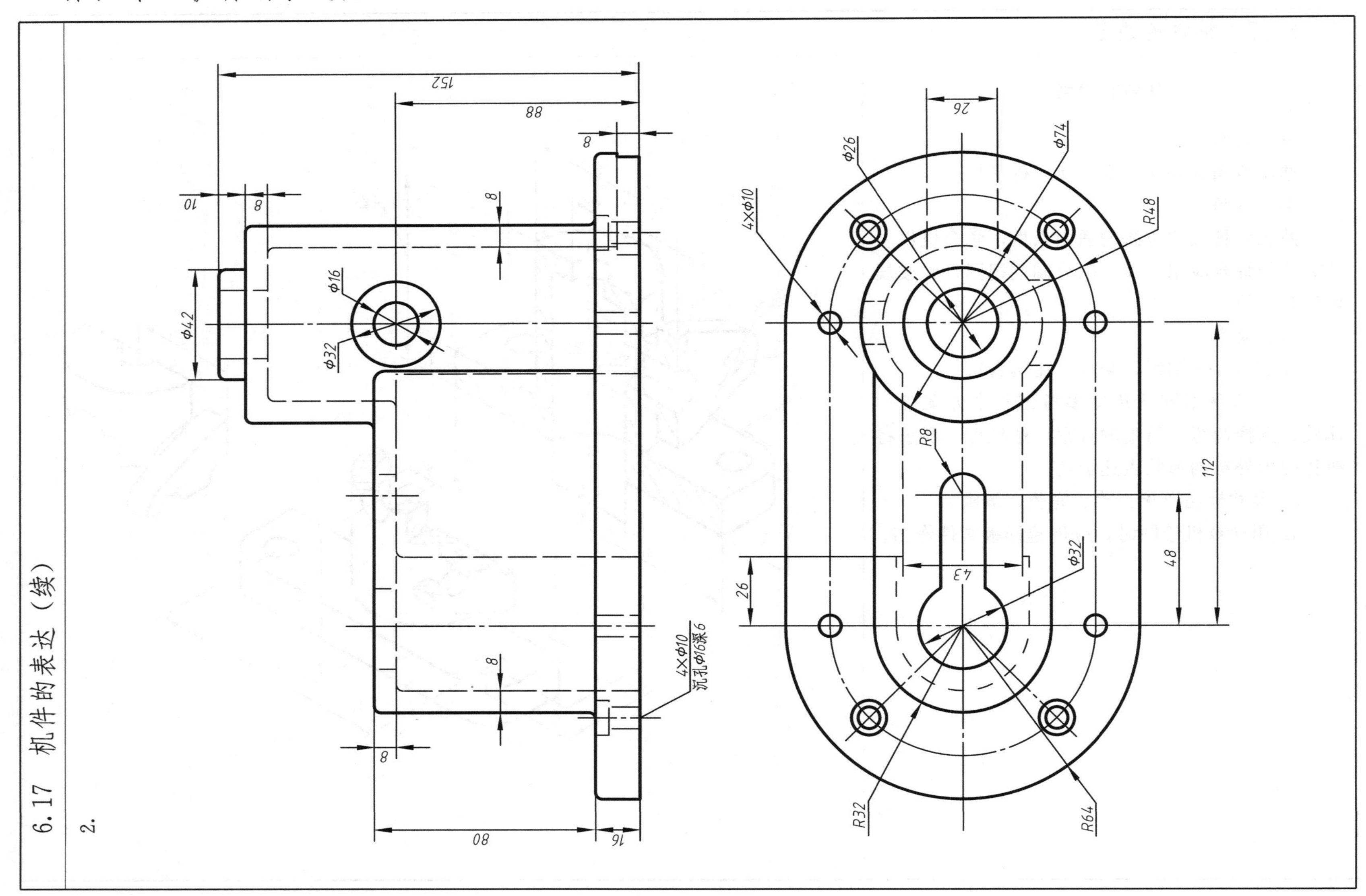
152
88
8
10
8
8
φ16
φ42
φ32
8
4×φ10
沉孔φ16深6
8
80
16
26
φ74
φ26
4×φ10
R48
R8
112
48
26
43
φ32
R32
R64

7.1　根据给出的视图，补画螺纹上的漏线

1. 外螺纹。

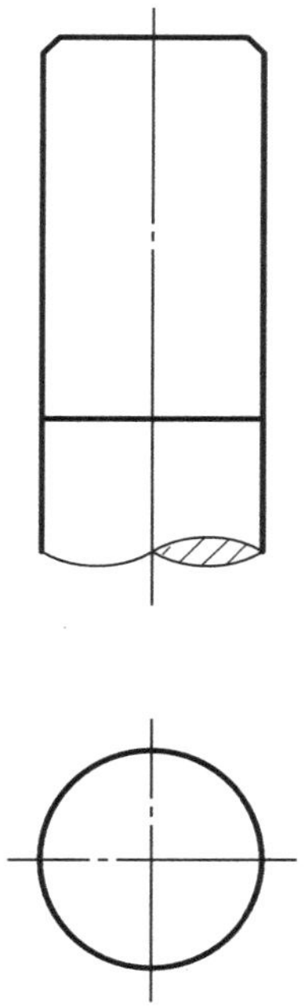

2. 盲孔内螺纹。

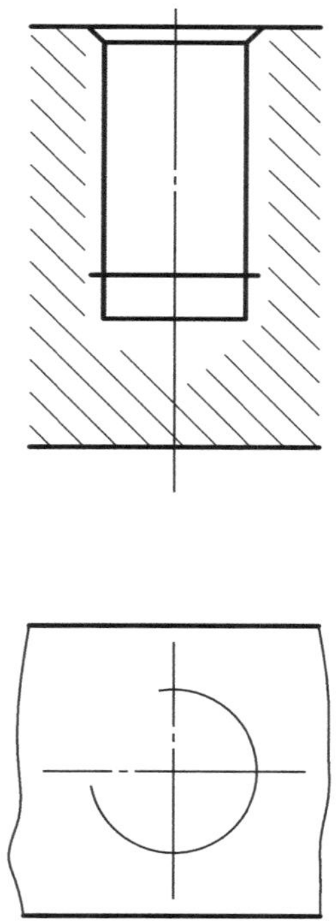

3. 内、外螺纹旋合。

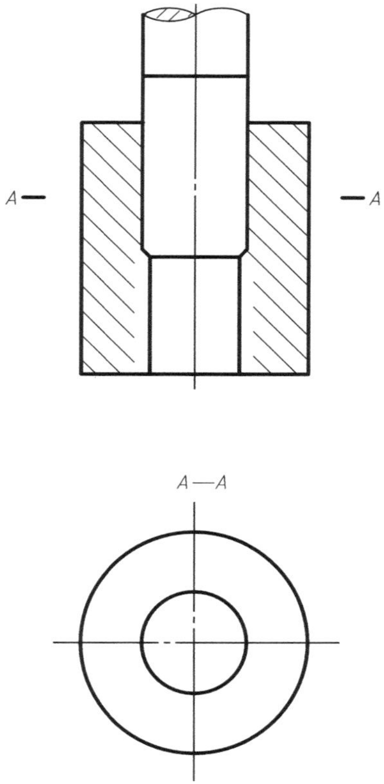

A　A

A—A

7.2　根据给出条件，按规定画法，绘制螺纹主、俯两视图

1. M20 外螺纹，杆长 30mm，螺纹长 20mm，螺纹倒角 $C2$。

2. M20 内螺纹，螺纹长 23mm，孔深 28mm，螺纹倒角 $C2$。

7.3　将以上两题的内、外螺纹按旋合长度为 15mm 旋合，画出其连接的剖视图

7.4 按给出的条件在图上注出螺纹的标记

1. 大径为 20mm，螺距为 2.5mm，单线，左旋，中、顶径公差带为 6g 的粗牙普通螺纹，中等旋合长度。 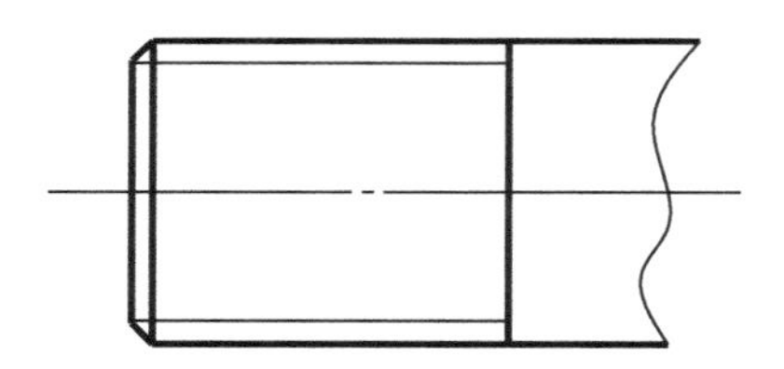	2. 大径为 20mm，螺距为 1.5mm，双线，右旋，中、顶径公差带为 6H 的细牙普通螺纹，短旋合长度。 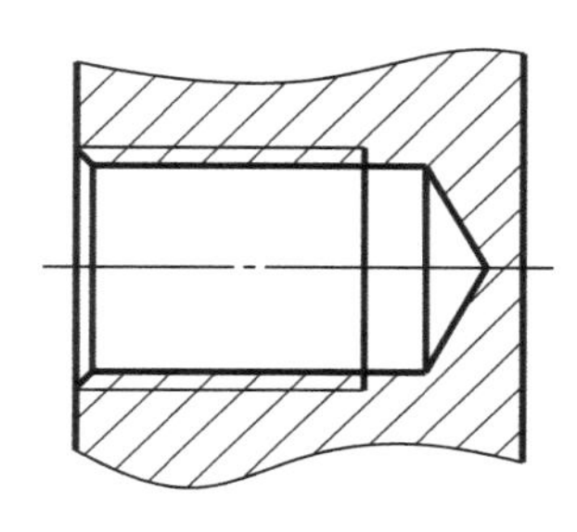	3. 公称直径为 32mm，螺距为 6mm，单线，左旋梯形螺纹，中等旋合长度。 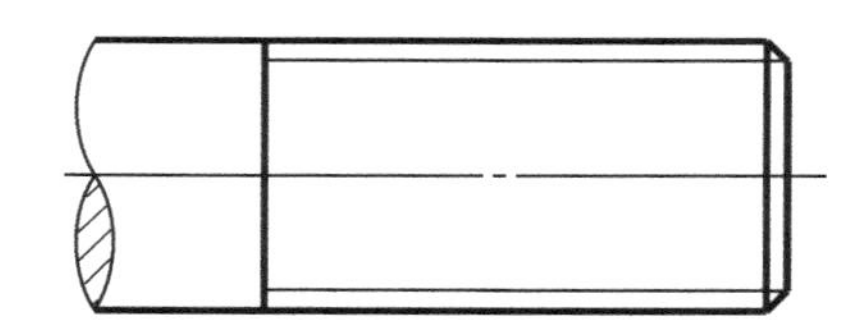
4. 尺寸代号为 1/2，左旋，公差等级为 A 级，非螺纹密封管螺纹。 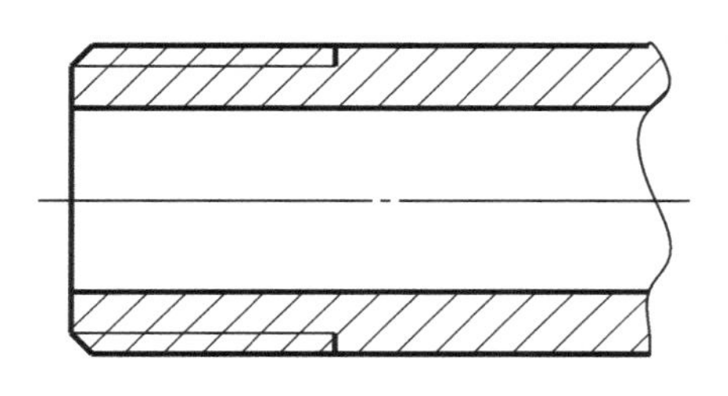	5. 尺寸代号为 3/4，右旋，60°密封圆柱管螺纹。 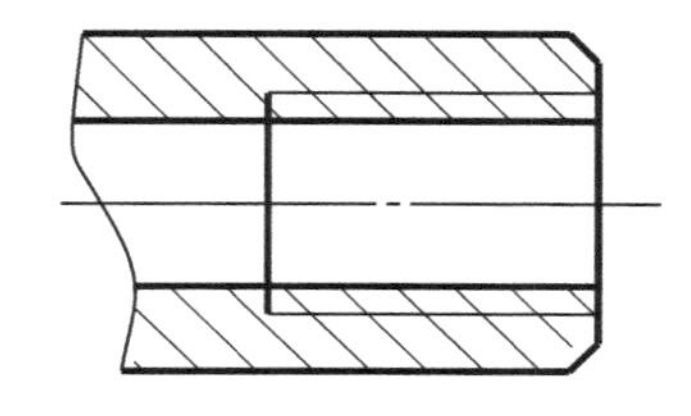	6. 公称直径为 34mm，螺距为 7mm，双线，左旋，中径公差代号为 8c 的锯齿形螺纹，长旋合长度。 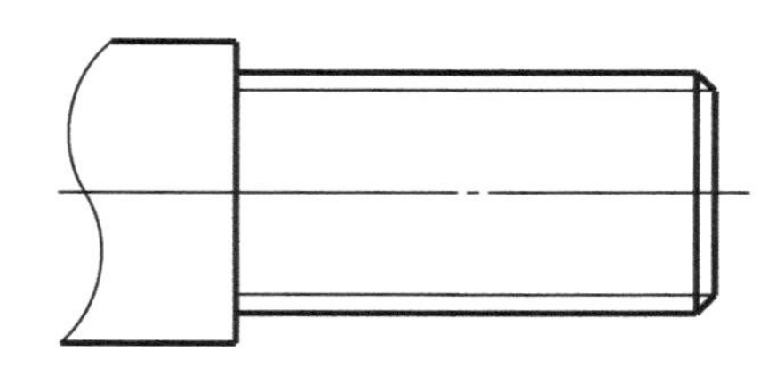

7.5 查表标注下列各标准件的尺寸（倒角尺寸均省略），并写出规定标记

1. 六角头螺栓，$d=16$，$L=65$，GB 5782—2000。

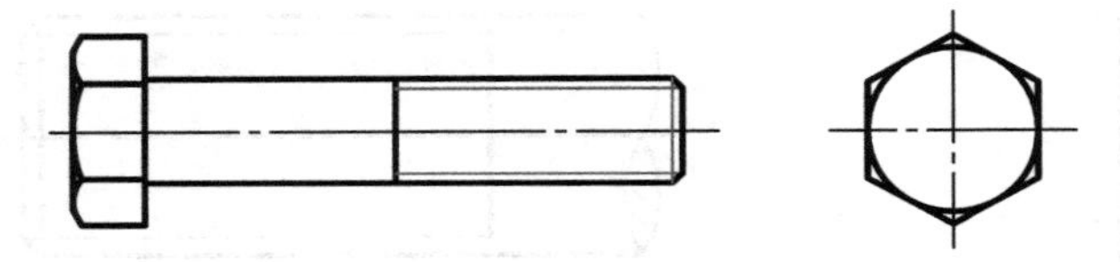

标记为：

2. 六角螺母，$d=20$，GB 170—2000。

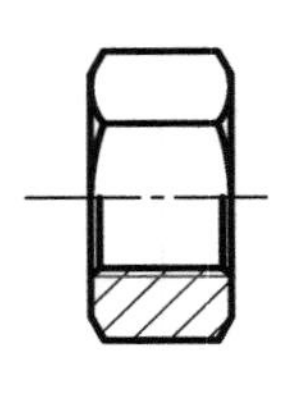

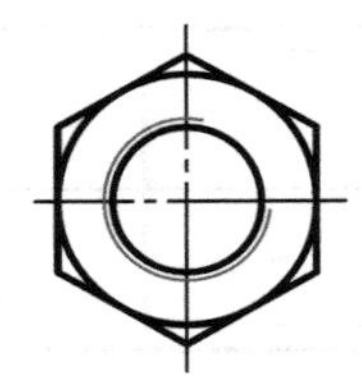

标记为：

3. 双头螺柱，$d=12$，GB/T 898—1988。

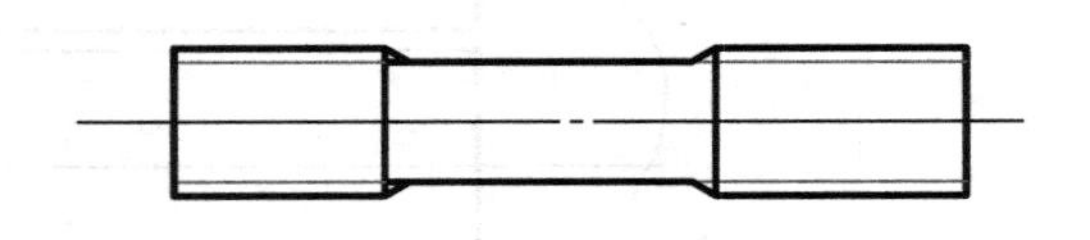

标记为：

4. 平垫圈，$d=20$，GB/T 97.2—2002。

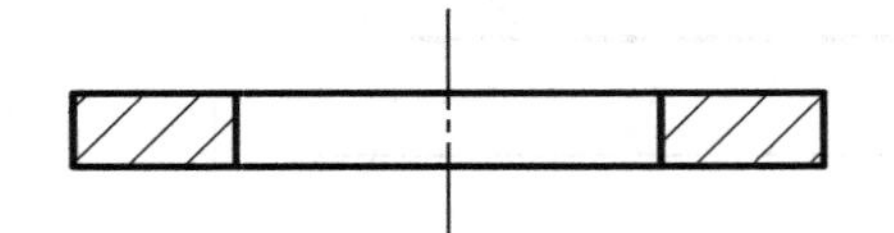

标记为：

7.6　螺纹紧固件连接的画法

1. 根据下图给出的各零件，画出螺栓连接的主、俯视图。

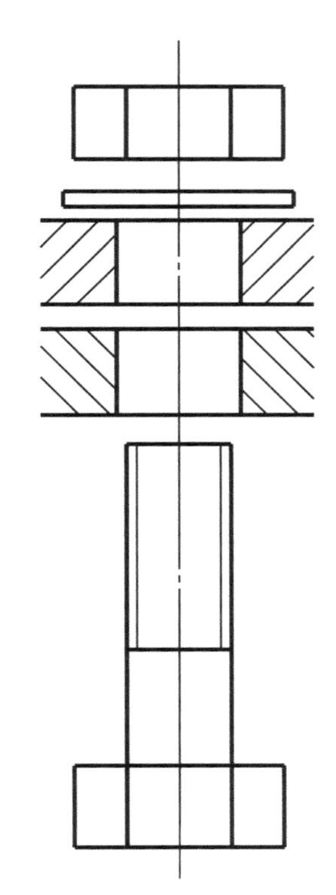

2. 分析下图中的错误，在空白处用引线指出说明。

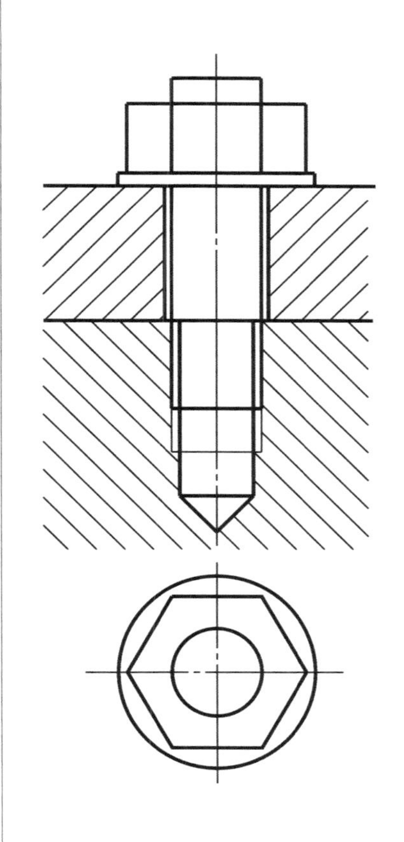

7.7　螺栓连接

作业指导书

一、内容

用比例画法画螺栓连接的三视图。

二、目的

进一步熟悉螺栓连接装配图的画图要点，掌握标准件及其连接的比例画法和计算。

三、要求

1. 选择 A4 号图纸，竖放，绘图比例为 1∶1。
2. 主视图画全剖视图，俯、左视图画视图。
3. 视图布局合理，粗、细线条符合标准，图面整洁美观。
4. 连接件各部分尺寸按比例画法确定，螺栓长度先由公式计算圆整，然后取标准值。
5. 按要求填写标题栏，图名为“螺栓连接”。

已知：(1) 螺栓　GB/T 5780—2000　M20。
(2) 螺母　GB/T 6170—2000　M20。
(3) 垫圈　GB/T 1997.2—2002　20。
(4) 被连接件尺寸如下图所示。

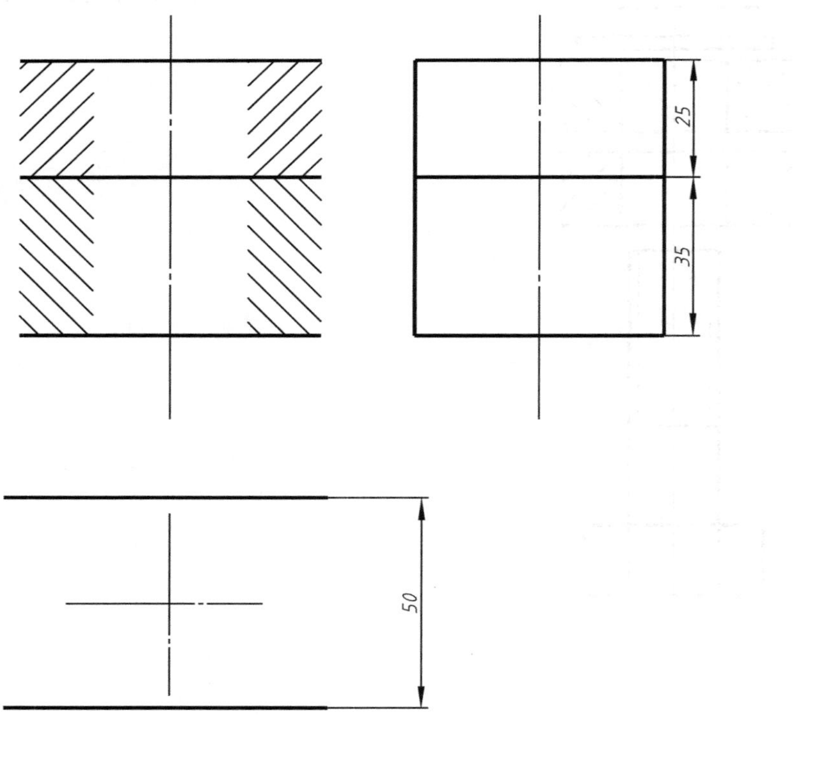

7.8　螺柱连接

作业指导书

一、内容

用简化画法画双头螺柱连接的三视图。

二、目的

1. 进一步熟悉螺柱连接特点，掌握螺柱两端螺纹不同的作用和要求，熟悉双头螺柱标准表的用法。

2. 连接件用简化画法绘制，提高绘图速度。

三、要求

1. 选择A4号图纸，竖放，绘图比例为1∶1。

2. 主视图画全剖视图，俯、左视图画视图。

3. 视图布局合理，粗、细线条符合标准，图面整洁美观。

4. 连接件各部分尺寸按比例画法确定，螺栓有效长度 l 先由公式计算圆整，然后取标准值。

5. 按要求填写标题栏，图名为“双头螺柱连接”。

已知：(1) 螺柱　GB/T 897—2002　M16。

(2) 螺母　GB/T 6170—2000　M16。

(3) 垫圈　GB/T 93—1987　16。

(4) 被连接件尺寸如下图所示。

(5) 被连接机座（底件）材料为铸铁。

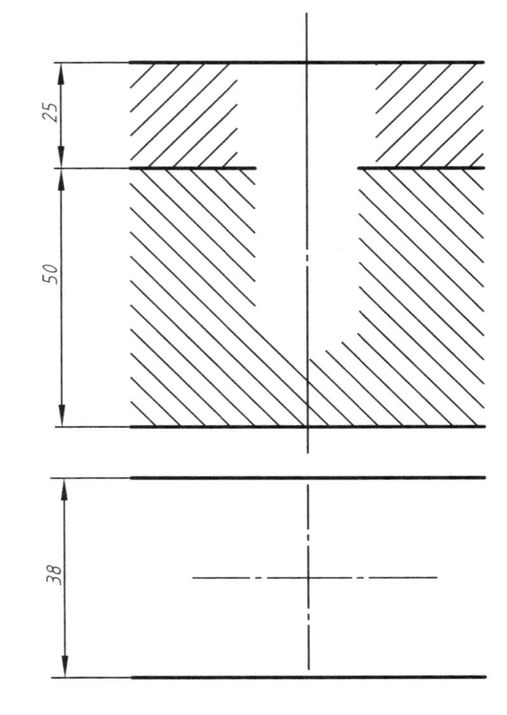

7.9 键连接、销连接

1. 补全轴的两视图，并查表标注键槽尺寸。

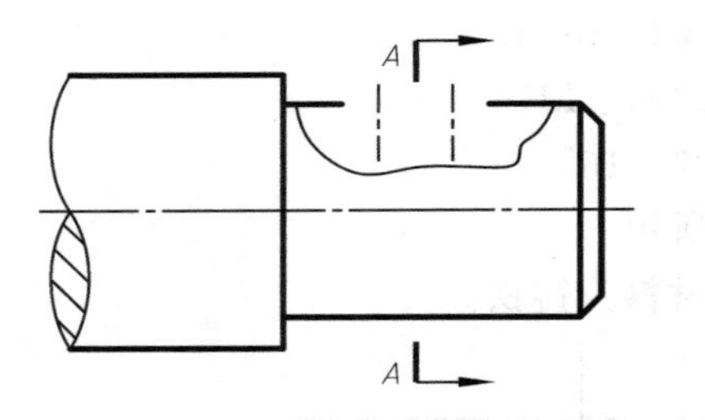

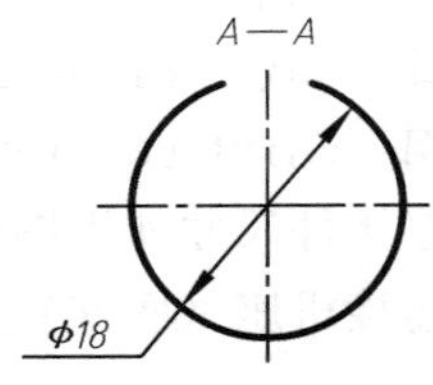

2. 补全齿轮的两视图，并查表标注键槽尺寸。

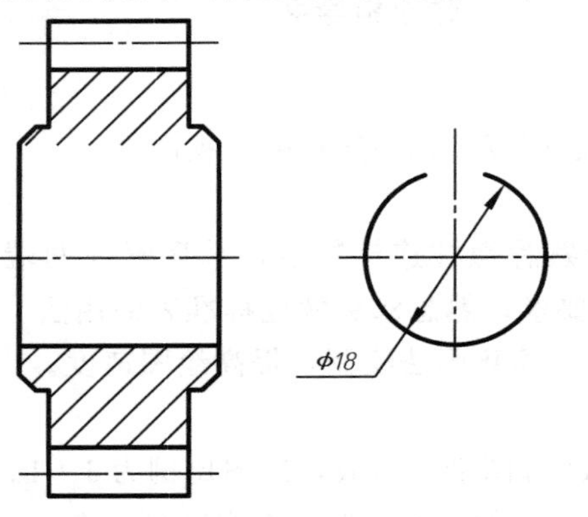

3. 补全轴与轮键连接两视图。

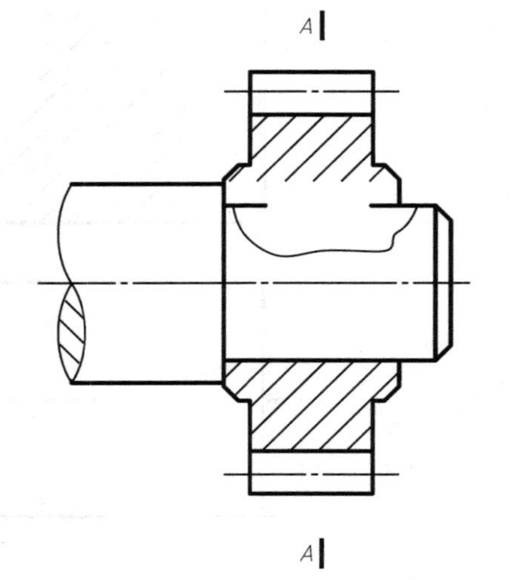

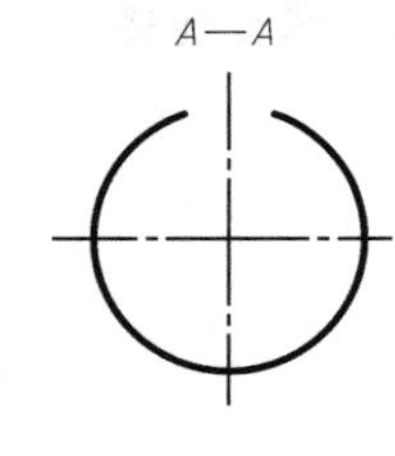

7.9 键连接、销连接（续）

4. 识读花键连接的装配图，解释其标注内容的含义。

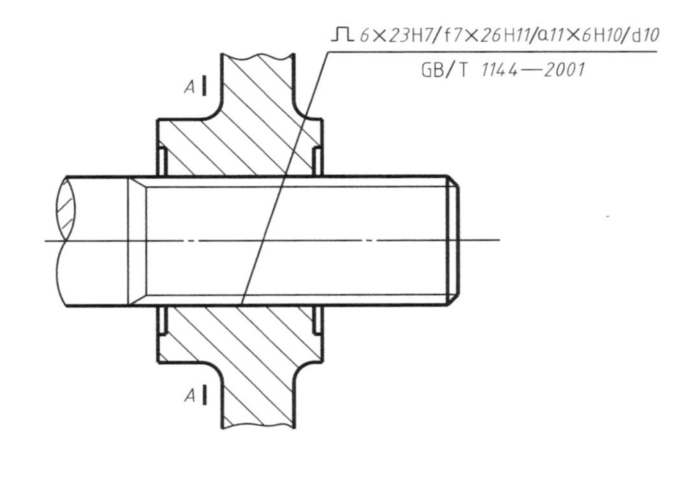

5. 轴与齿轮用直径为 8mm 的圆柱销连接，参照图中尺寸画出销连接的装配图，并写出其规定标记。

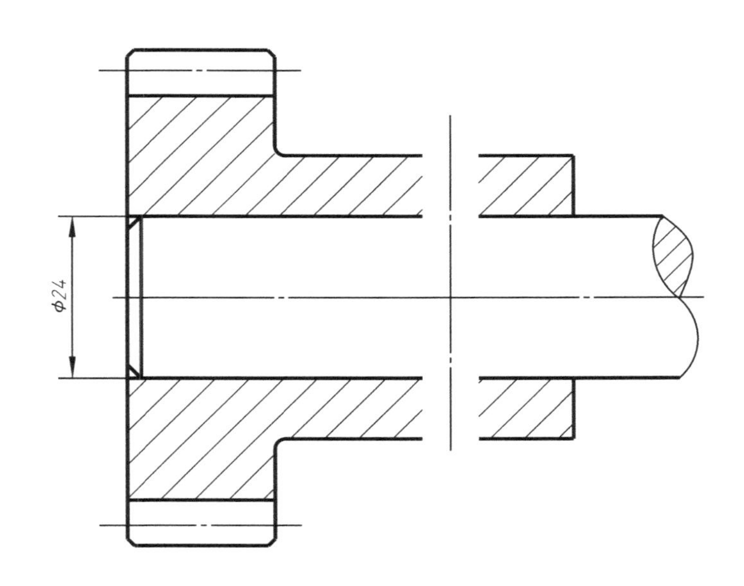

7.10 直齿圆柱齿轮作图

已知标准直齿圆柱齿轮的参数为：模数 $m=5$，齿数 $z=20$，齿宽 $B=20$，轴孔直径 $D=18$，计算该齿轮的齿部参数，并完成下列两视图。

$d_a=$

$d=$

$d_f=$

$h_a=$

$h_f=$

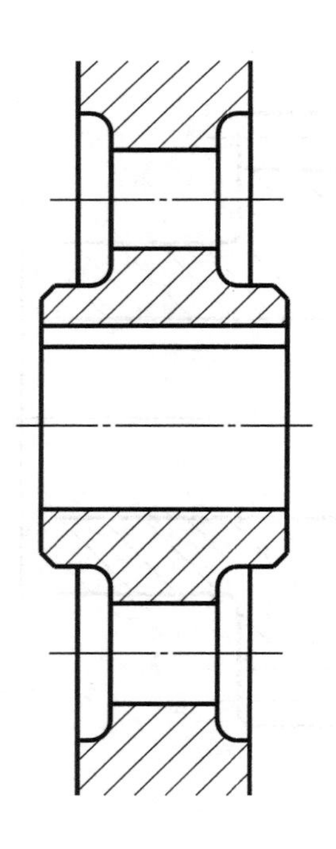

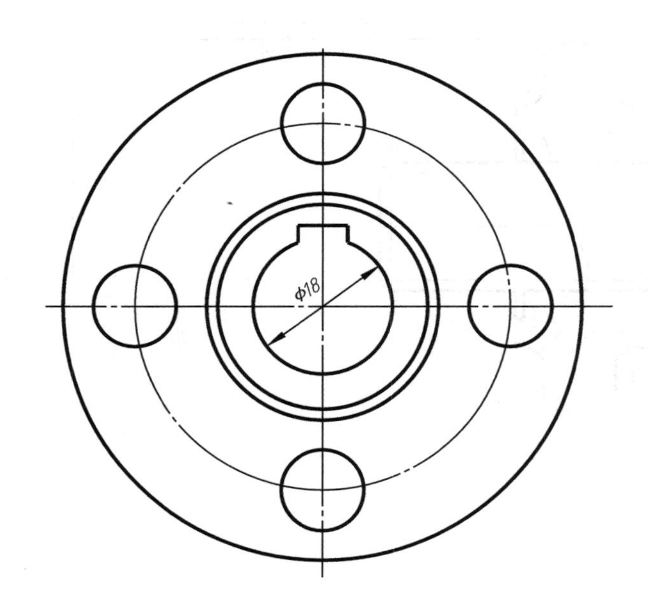

7.10　直齿圆柱齿轮作图（续）

作业指导书

一、内容

绘制两直齿圆柱齿轮的啮合图并标注尺寸。

二、目的

掌握直齿圆柱齿轮啮合图的画法，特别是两轮齿啮合区的正确表达，进一步熟悉齿轮参数的计算。

三、要求

1. 选用A3号图纸，横放，绘图比例自定。

2. 画出两齿轮啮合的主、左两个视图，主视图画成全剖视图。

3. 标注齿轮啮合的中心距。

4. 计算两齿轮的齿部参数，写在图纸的右上角。

5. 图名为“圆柱齿轮啮合”。

以下图为参考，给出齿轮尺寸参数为：

参数／齿轮	模数	齿数	齿宽	轴孔直径	键槽		轮毂		辐板	
					宽度	深度	宽度	直径	厚度	直径
小齿轮	4	18	36	22	6	2.8				
大齿轮	4	30	36	28	8	3.3	36	45	12	96

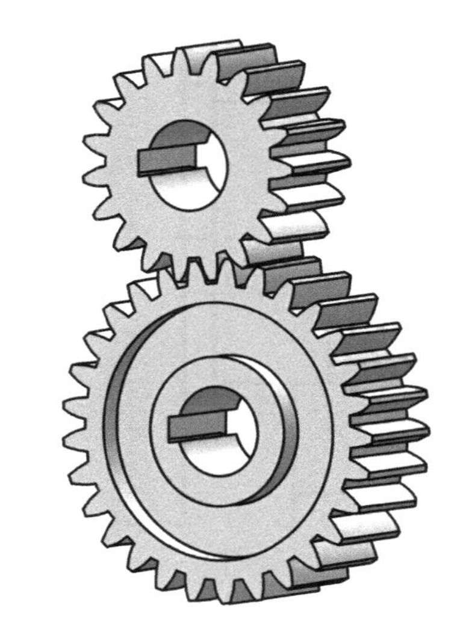

7.11　参照下面沿轴零件的装配图，用规定画法在指定位置画出要求的轴承

左端轴承标记：滚动轴承 6206 GB/T 276—1994，右端轴承标记：滚动轴承 6205 GB/T 276—1994。

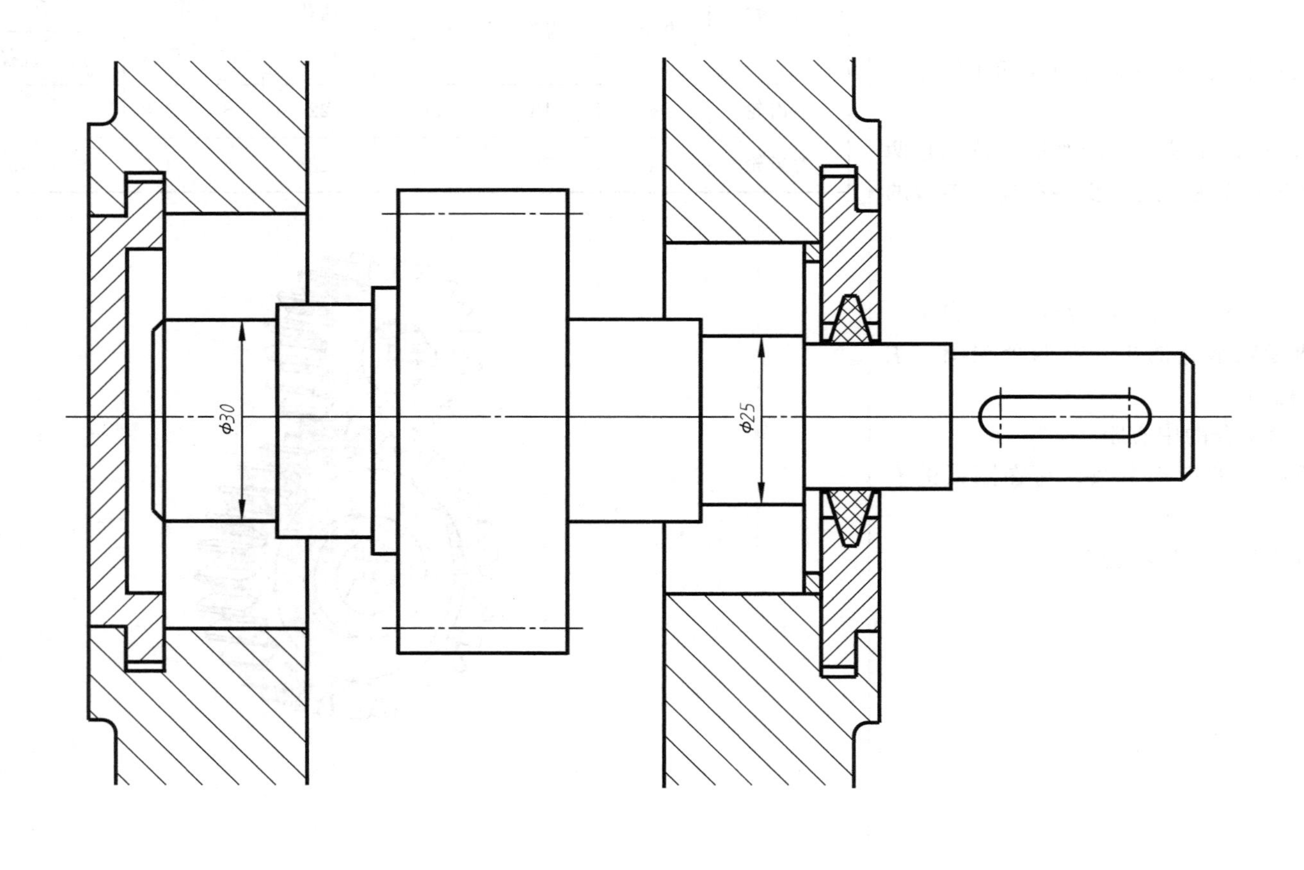

8.1 根据三视图，选择合适的表达方案表达零件

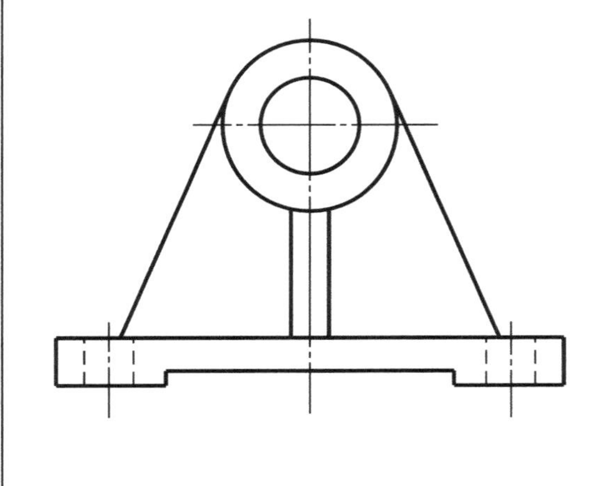

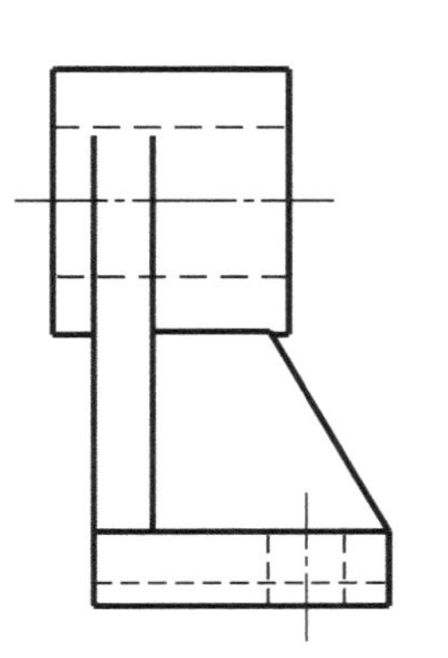

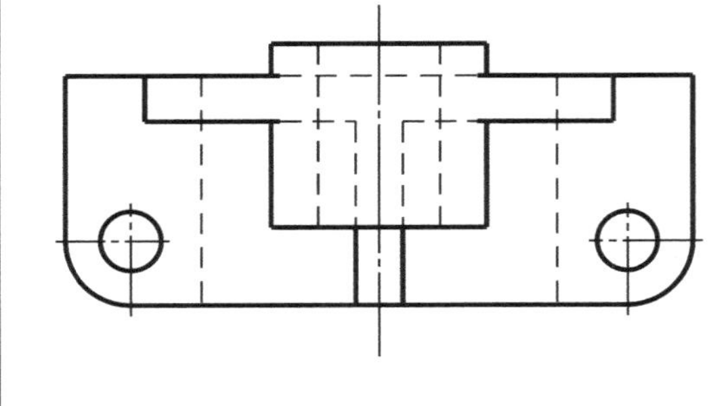

8.2　标注表面结构要求

1. 分析图（a）中标注的错误，在图（b）中正确标注。

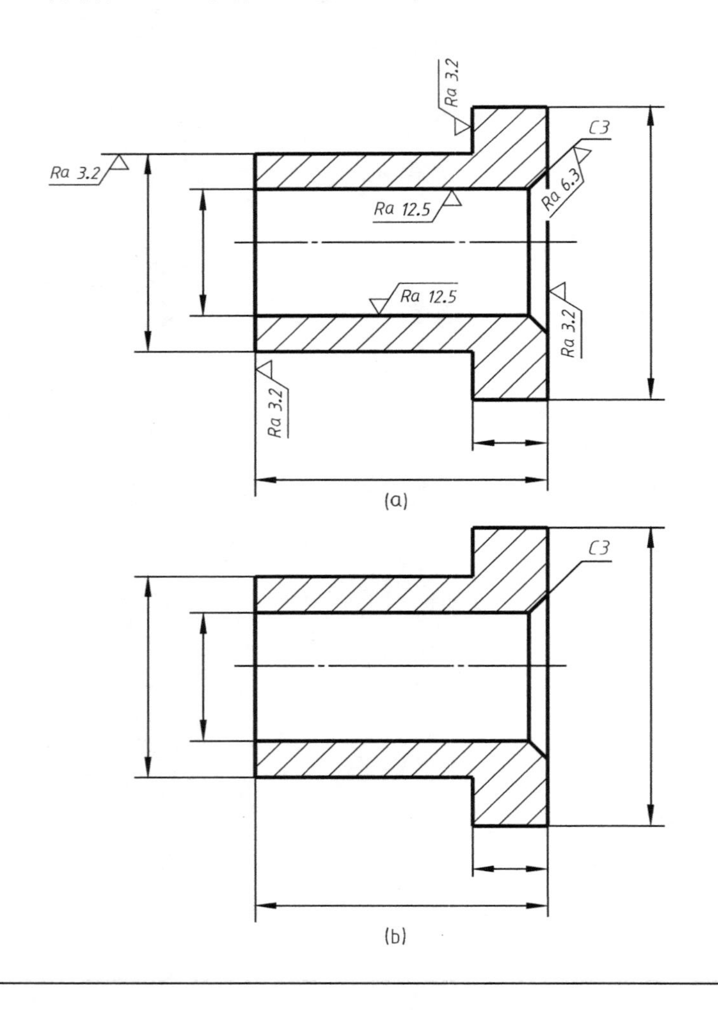

2. 按要求标注零件的表面结构要求。

（1）各圆柱面 *Ra* 为 3.2；

（2）倒角 *Ra* 为 12.5；

（3）各平面 *Ra* 为 6.3。

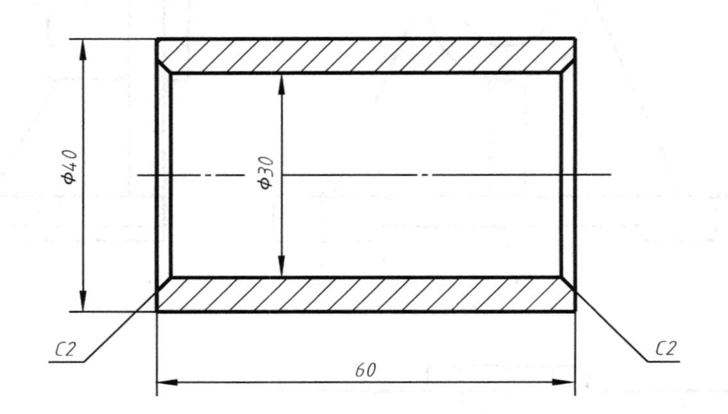

8.3 根据配合代号查表，并将有关数据填入表中

项目			基本尺寸	最大极限尺寸	最小极限尺寸	上偏差	下偏差	公差	基本偏差
$\phi 50\frac{K7}{h6}$	孔	$\phi 50^{+0.007}_{-0.018}$							
	轴	$\phi 50^{0}_{-0.016}$							

8.4 解释配合代号的意义，分别标注出孔和轴的直径及极限偏差

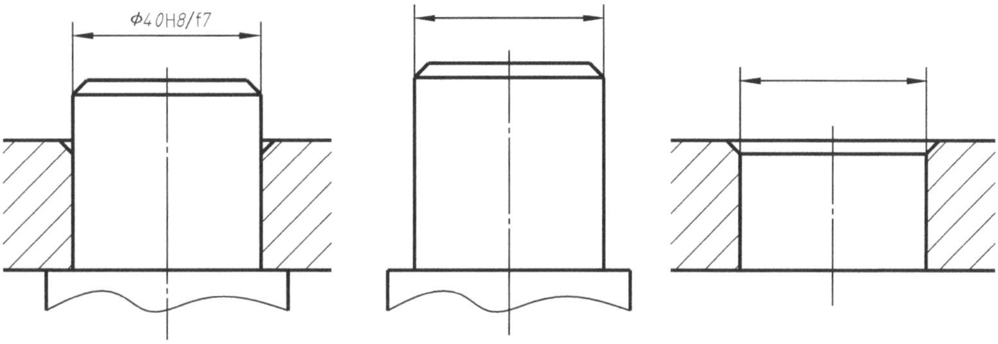

ϕ40H8/f7；基本尺寸________，基________制________配合，孔公差等级为________，轴公差等级为________。

8.5 将下列文字说明的形位公差标注在图上

1. ϕ30g6 的轴线对 ϕ15H7 轴线的同轴度公差为 ϕ0.05mm。
2. 右端面对 ϕ15H7 的轴线的垂直度公差为 0.15mm。
3. ϕ30g6 的圆柱度公差为 0.03mm。

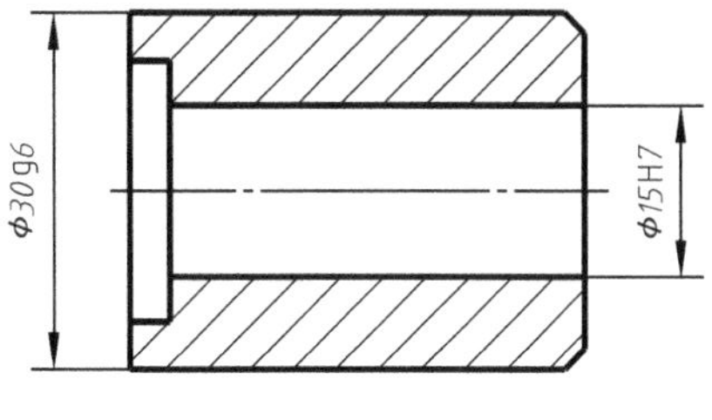

8.6　阅读零件图，回答问题（一）

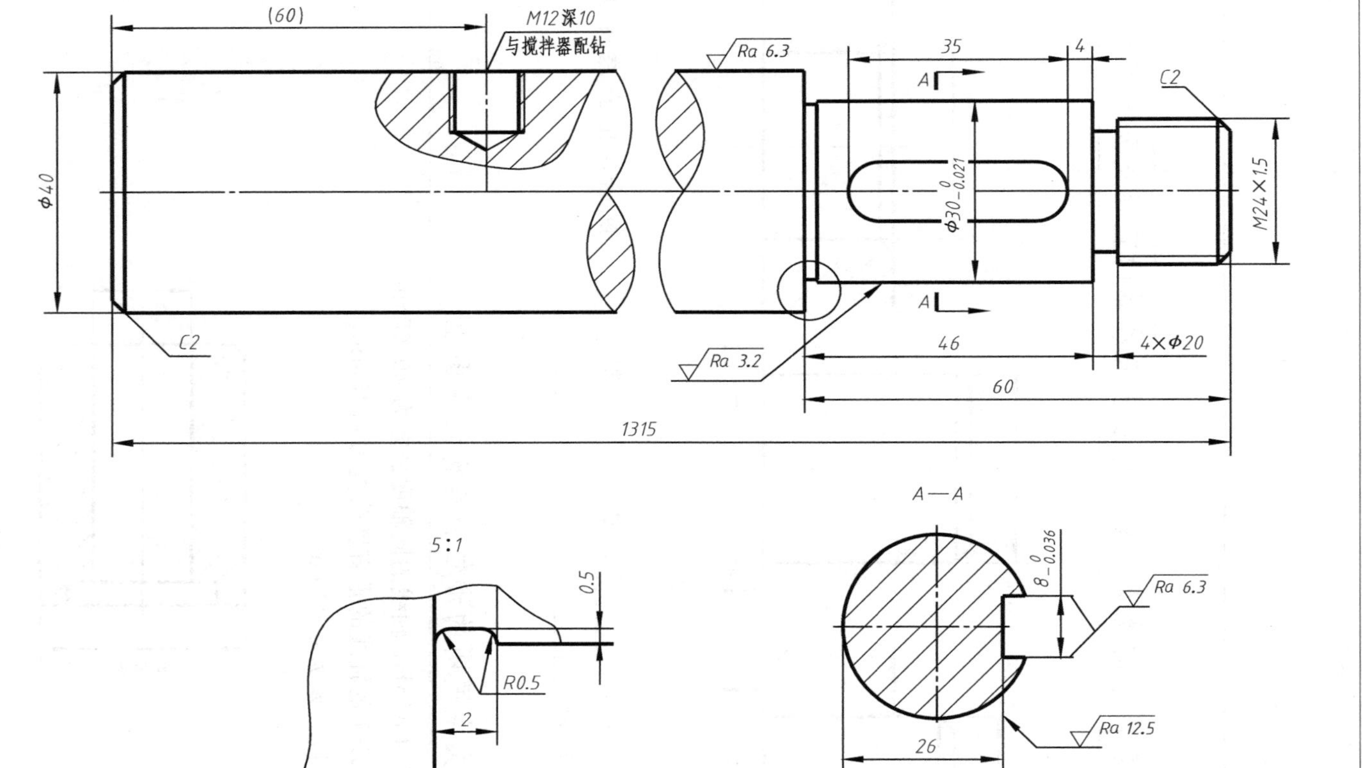

设计			45		(单位)
制图			比例	1:1	搅拌轴
审核			共　张　第　张		(图号)

1. 此零件是______类零件，主视图符合______位置原则，采用______剖表示螺孔的内部结构。

2. A—A 断面图表示键槽宽______，深______。

3. 局部放大图采用的比例是______，表达越程槽宽______，深______。

4. 此零件的哪个表面最光滑？

5. $\phi30_{-0.021}^{\ 0}$ 的最大极限尺寸为________，最小极限尺寸为________。

6. M24×1.5 的含义是：

8.7 阅读零件图，回答问题（二）

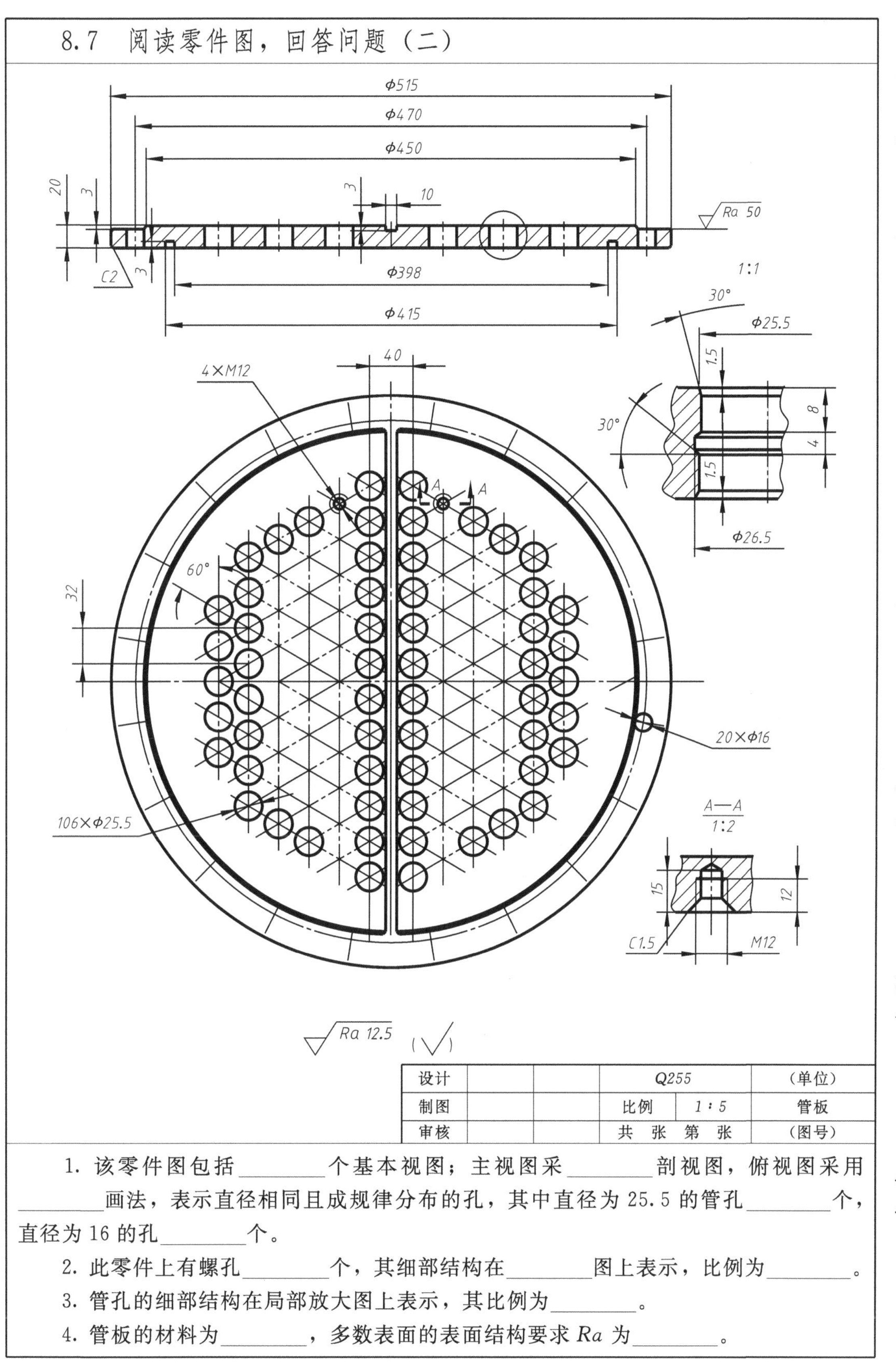

设计			Q255		（单位）
制图			比例	1∶5	管板
审核			共　张　第　张		（图号）

1. 该零件图包括________个基本视图；主视图采________剖视图，俯视图采用________画法，表示直径相同且成规律分布的孔，其中直径为 25.5 的管孔________个，直径为 16 的孔________个。

2. 此零件上有螺孔________个，其细部结构在________图上表示，比例为________。

3. 管孔的细部结构在局部放大图上表示，其比例为________。

4. 管板的材料为________，多数表面的表面结构要求 Ra 为________。

8.8 阅读零件图，回答问题（三）

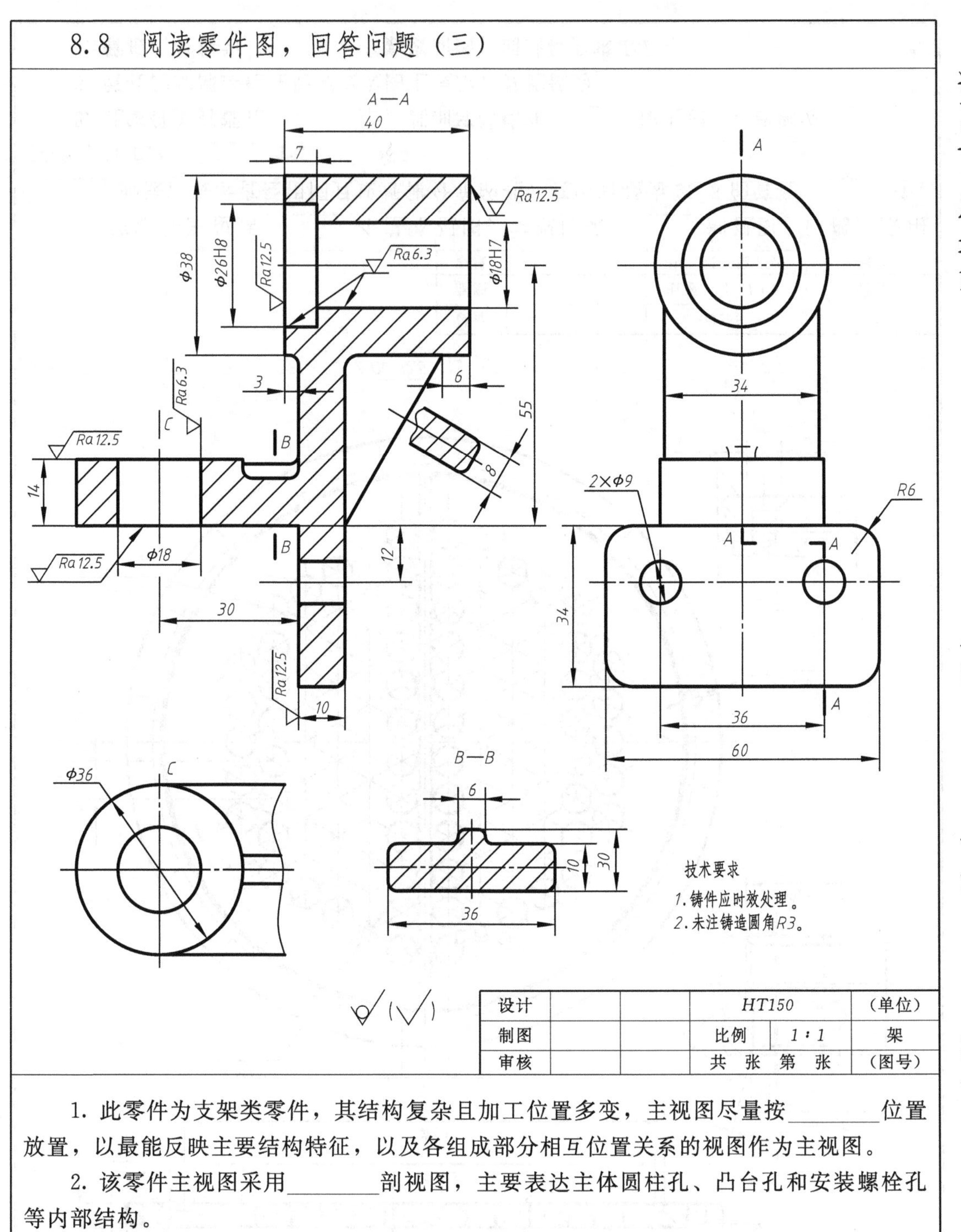

1. 此零件为支架类零件，其结构复杂且加工位置多变，主视图尽量按________位置放置，以最能反映主要结构特征，以及各组成部分相互位置关系的视图作为主视图。

2. 该零件主视图采用________剖视图，主要表达主体圆柱孔、凸台孔和安装螺栓孔等内部结构。

3. 孔径 ϕ18H7，则孔的基本偏差代号为________，标准公差等级为________级。

4. 凡注有公差带尺寸的结构，均与其他零件有________要求，如 ϕ26H8 的孔，表面结构要求较高，Ra 上限值为________。

5. 此零件长度方向的尺寸基准为________，宽度方向的尺寸基准为________，高度方向的尺寸基准为________。

8.9 阅读零件图，回答问题（四）

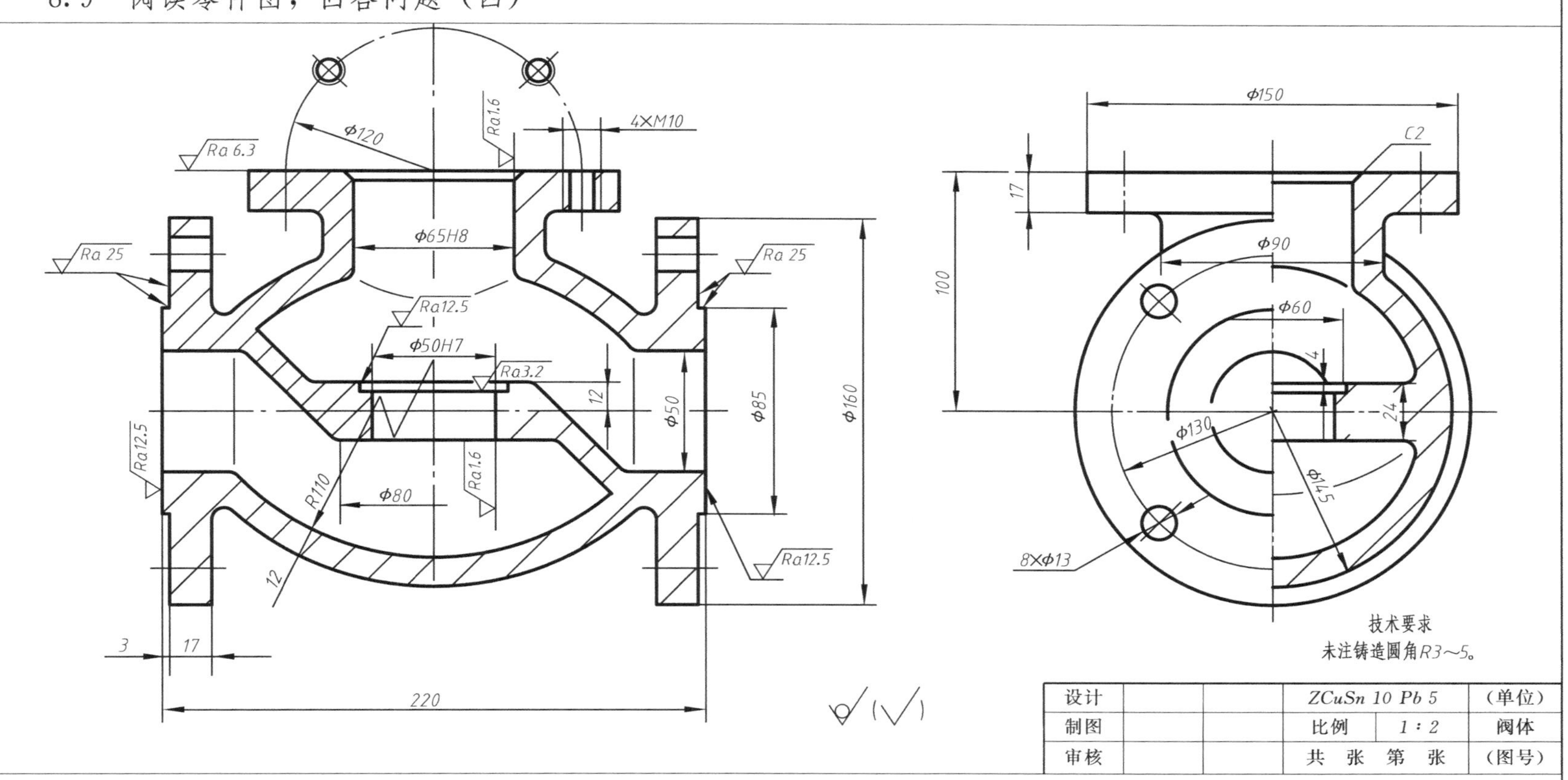

1. 此零件为阀体，主视图按________位置放置，以最能反映主要结构的形状特征，及各组成部分相互位置关系的视图作为主视图。

2. 该零件共采用两个视图，主视图采用________剖视图，左视图采用________剖视图。

3. 零件表面结构要求最高的表面，*Ra* 上限值为多少？

4. 此零件长度方向的尺寸基准为________，宽度方向的尺寸基准为________，高度方向的尺寸基准为________。

8.10　画零件图

作业指导书

一、内容

绘制零件图。

二、目的

熟悉零件图的内容和要求，掌握绘制零件图的方法。

三、要求

1. 选用A3号图纸，横放，绘图比例自定。
2. 根据立体图，看懂零件的结构形状，选择恰当的表达方法，完整、正确、清晰地表达零件。
3. 布图时，应按图形的大小和数量，先画出图形的基准线，并注意留出标注尺寸和注写技术要求的位置。
4. 尺寸标注要正确完整、清晰，力求合理；书写技术要求，并填写标题栏。
5. 用计算机绘图时，应调用样板文件作图。

1. 支架

材料：HT200；

表面结构要求 Ra 值：两端 $\phi16$ 内孔表面为3.2；$\phi28$ 圆柱两端面为6.3；底板的底面为12.5，其余表面为不加工表面。

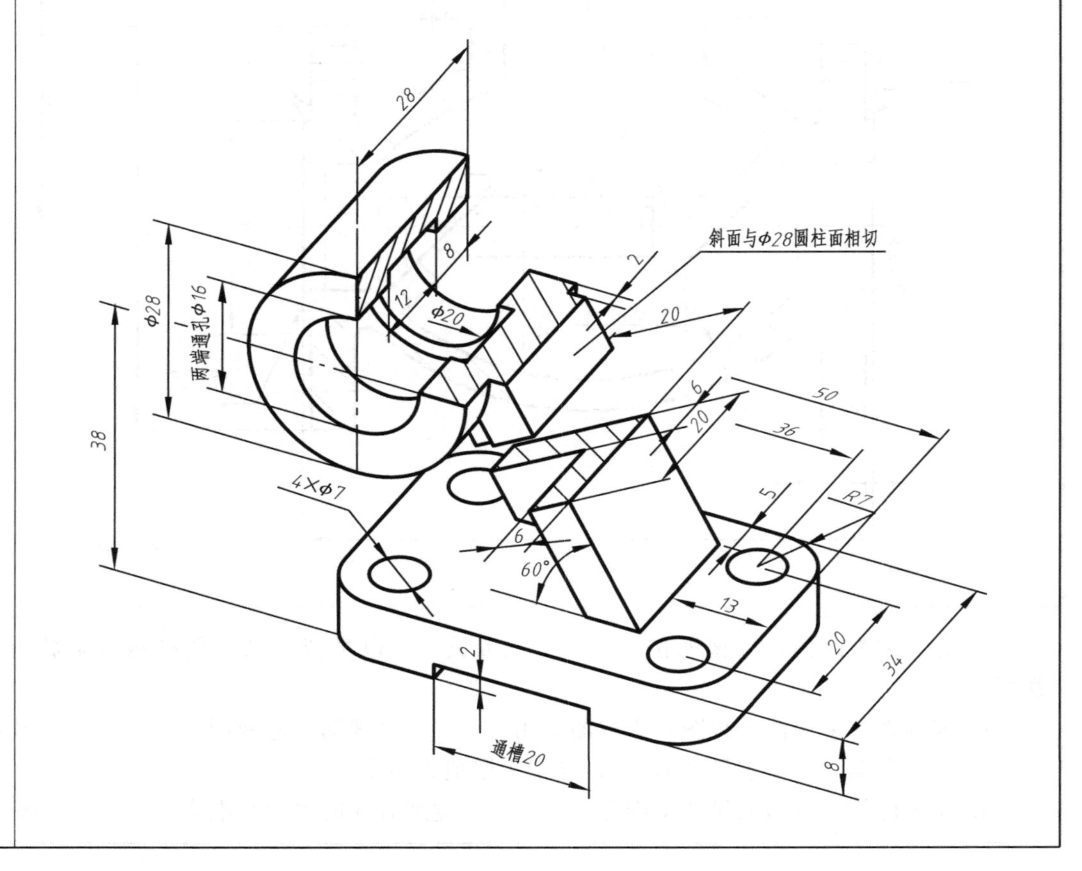

8.10 画零件图（续）

2. 连杆

材料：ZL203；各孔口倒角为 $C1.5$；

表面结构要求 Ra 值：$\phi24$、$\phi30$ 内孔表面为 6.3；$\phi36$、$\phi46$ 圆柱两端为 12.5；$\phi36$ 侧面长圆凸台端面、$2\times\phi8$ 内孔表面及各孔口倒角表面为 25，其余表面为不加工表面。

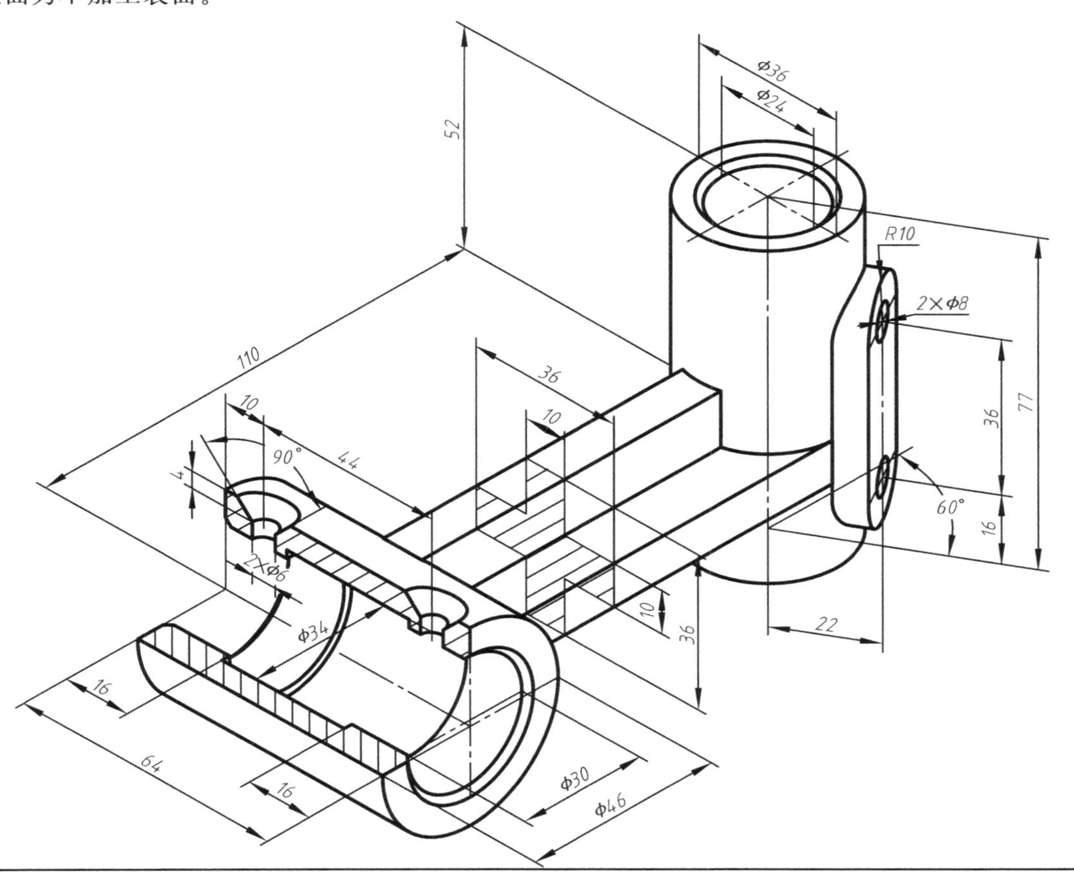

9.1 画装配图

作业指导书

一、内容

绘制装配图。

二、目的

熟悉装配图的内容和表达方法，掌握绘制装配图的方法。

三、要求

1. 选择A3图纸，横放，绘图比例自定。
2. 作图前，必须看懂零件图，了解部件的工作原理、各部件之间的装配连接关系。
3. 从反映工作原理和装配关系考虑，选择表达方案。
4. 标注装配图所需尺寸。
5. 按规定编写零件序号及明细栏。
6. 用计算机绘图时、应调用样板文件作图。

1. 旋塞阀

工作原理说明：旋塞阀是安装在液体管路中用以控制流体流动的开关装置，特点是开关比较迅速，它的法兰用螺钉与外管道连接，用手柄将旋塞转动90°，就可打开阀门。锥形塞子与壳体之间填满石棉盘根填料，再装上压盖，然后拧紧螺钉，使压盖压紧填料，以防泄漏。

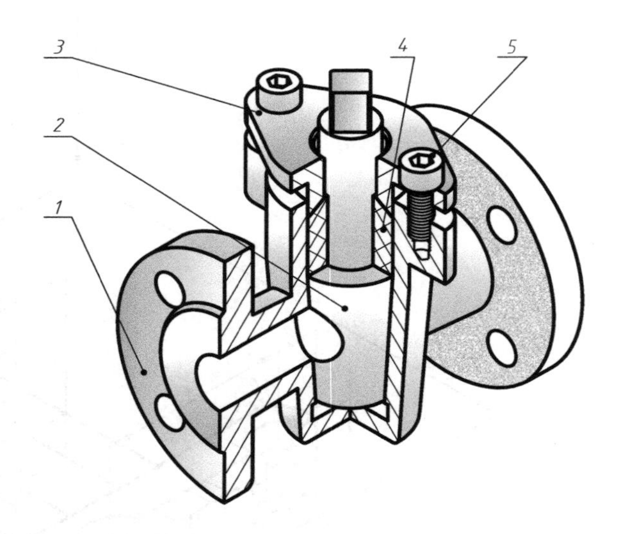

5	螺钉	2	35	GB/T 70.1—2000
4	填料	1	石棉盘根	
3	填料压盖	1	HT150	
2	塞子	1	HT150	
1	壳体	1	HT150	
序号	名称	数量	材料	备注

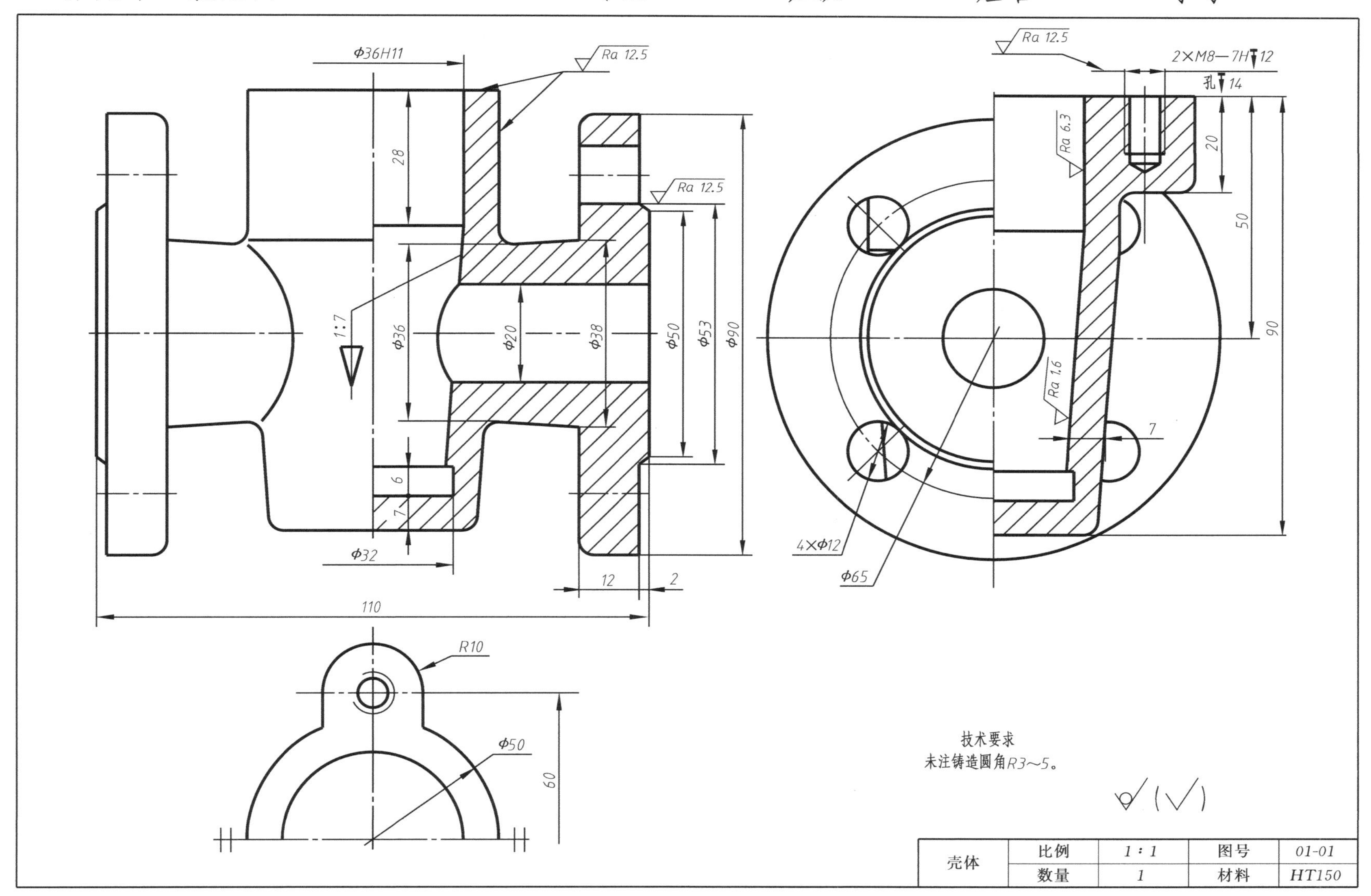

壳体	比例	1∶1	图号	01-01
	数量	1	材料	HT150

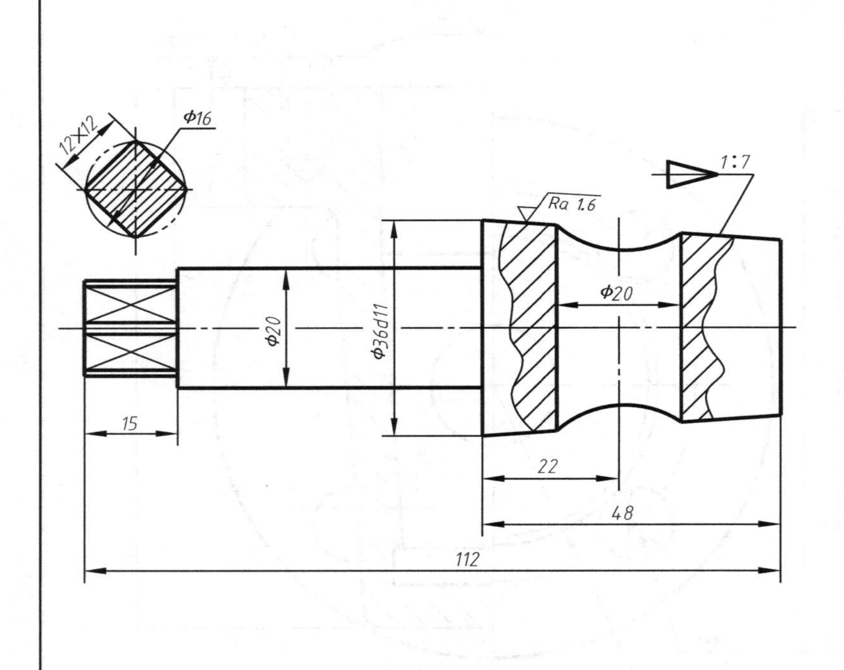

技术要求
1. 铸件应时效处理。
2. 铸件不得有铸造缺陷。
3. 锐边倒钝。

Ra 12.5 (√)

塞子	比例	1∶1	图号	01-02
	数量	1	材料	HT150

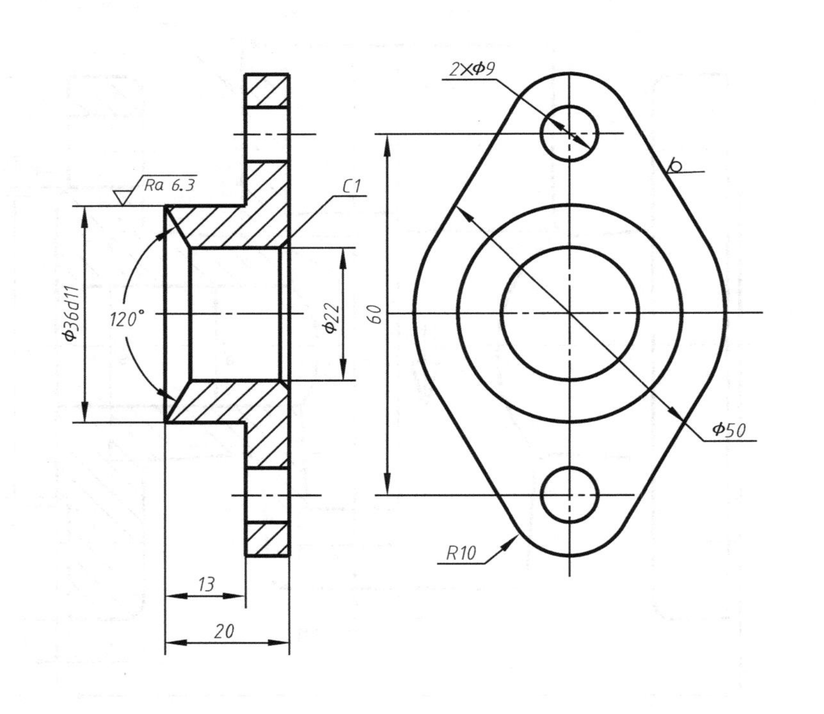

填料压盖	比例	1∶1	图号	01-03
	数量	1	材料	HT150

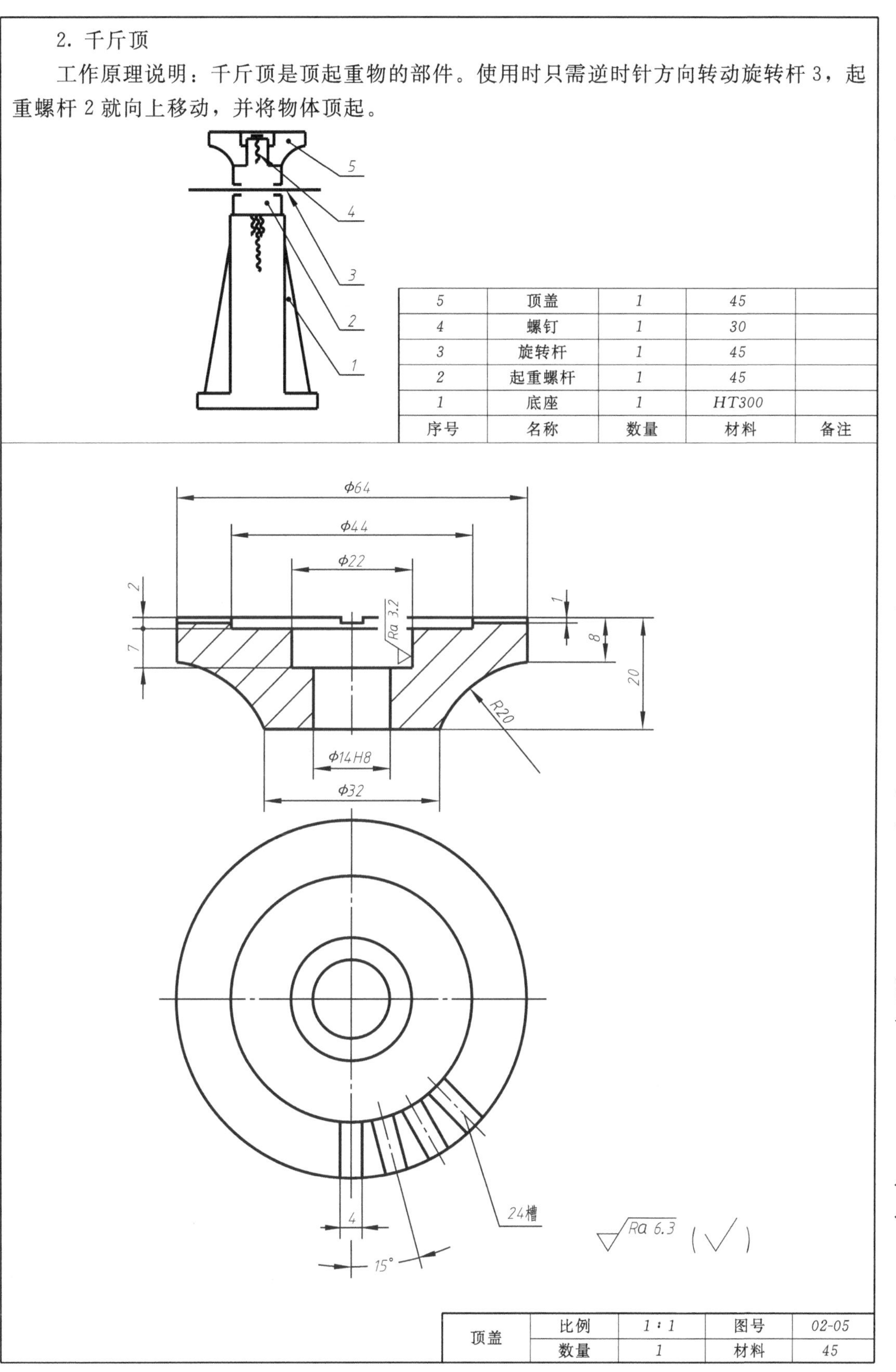

2. 千斤顶

工作原理说明：千斤顶是顶起重物的部件。使用时只需逆时针方向转动旋转杆 3，起重螺杆 2 就向上移动，并将物体顶起。

5	顶盖	1	45	
4	螺钉	1	30	
3	旋转杆	1	45	
2	起重螺杆	1	45	
1	底座	1	HT300	
序号	名称	数量	材料	备注

顶盖	比例	1∶1	图号	02-05
	数量	1	材料	45

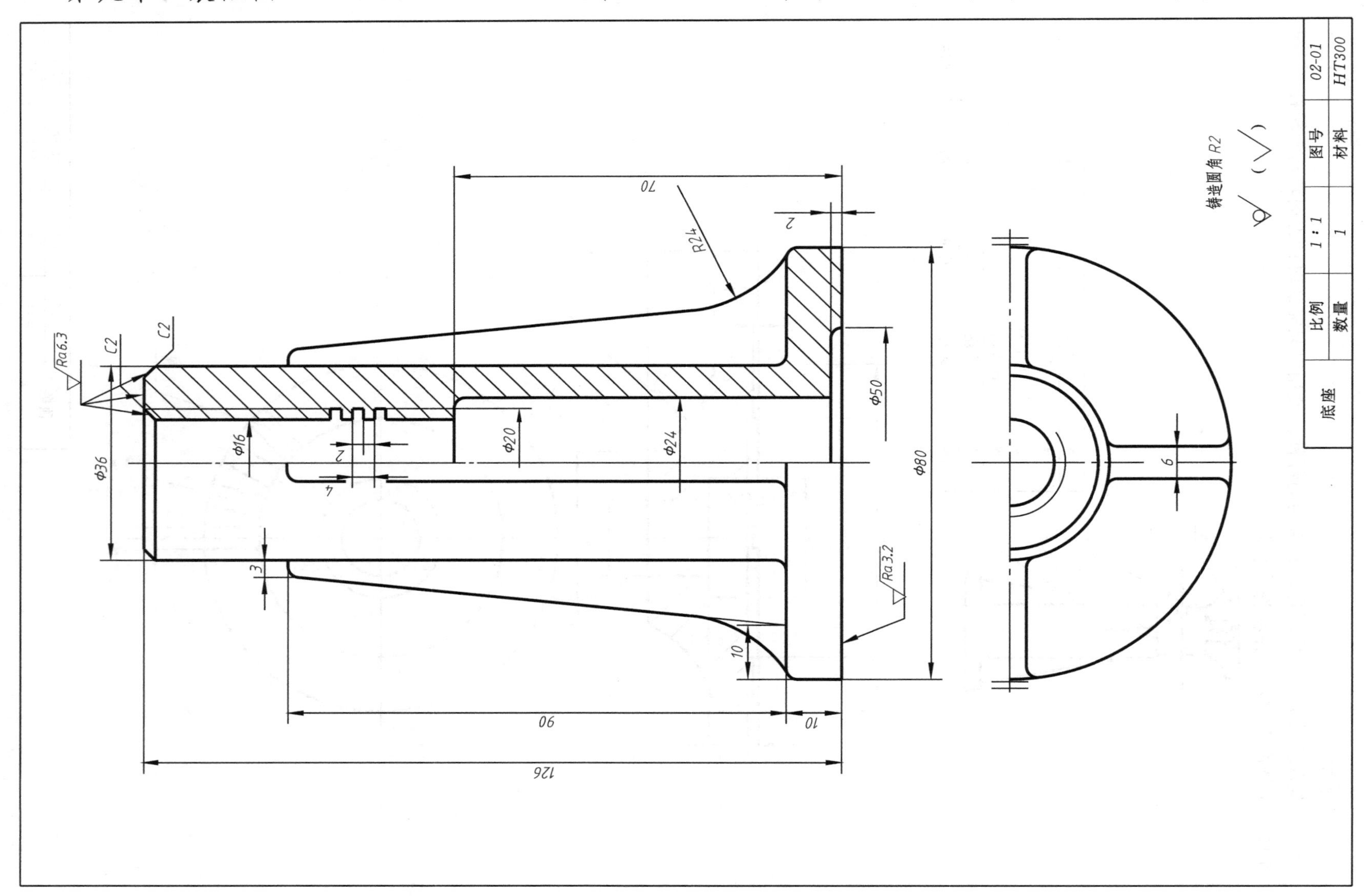
70
R24
2
C2
C2
Ra6.3
φ36
φ16
2
4
φ20
φ24
φ50
φ80
3
10
90
10
126
Ra3.2
6
铸造圆角R2
底座
比例
1:1
数量
1
图号
02-01
材料
HT300

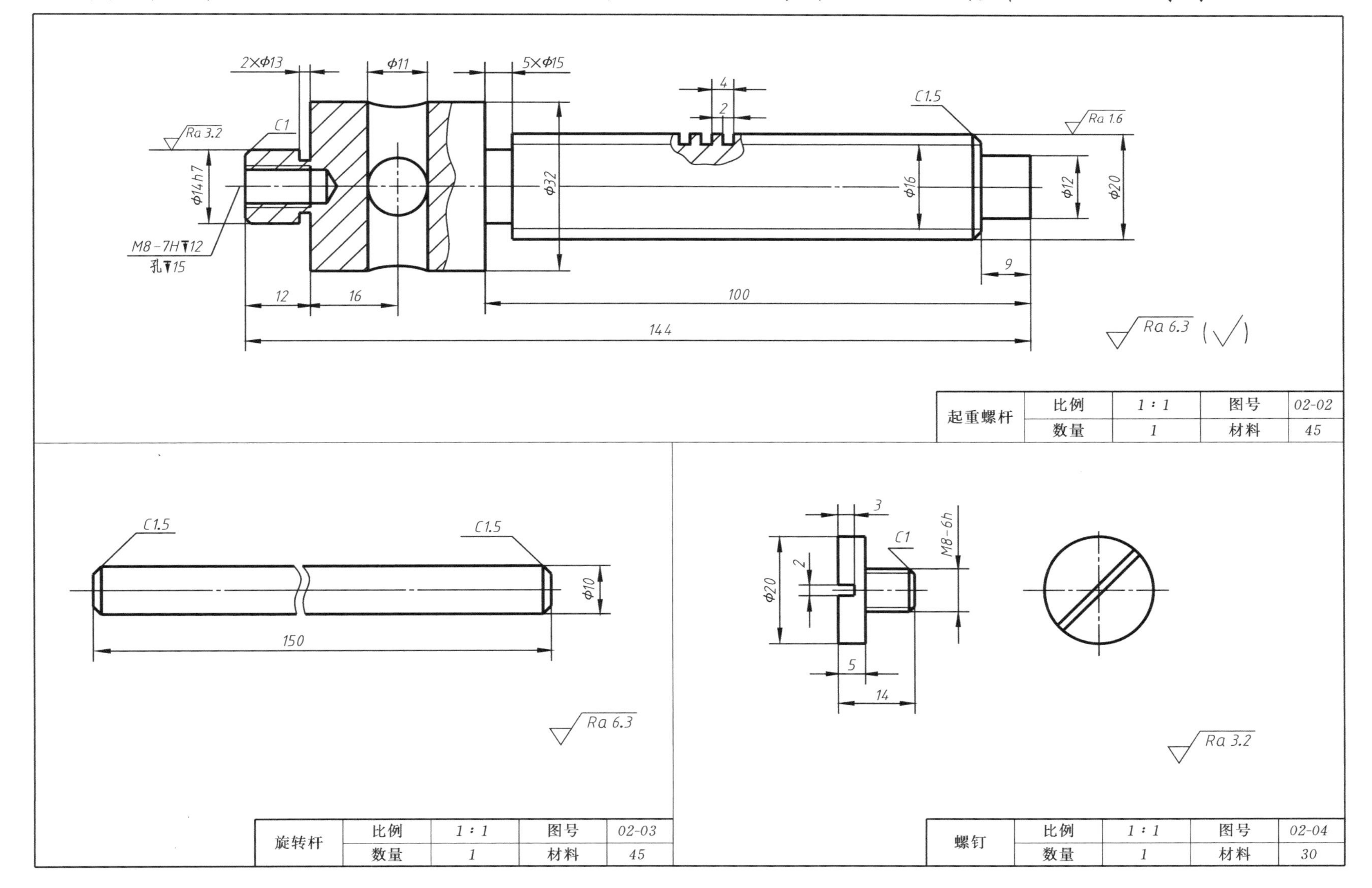

起重螺杆	比例	1∶1	图号	02-02
	数量	1	材料	45

旋转杆	比例	1∶1	图号	02-03
	数量	1	材料	45

螺钉	比例	1∶1	图号	02-04
	数量	1	材料	30

9.2 阅读装配图，回答问题并拆画零件图（一）

1. 机用虎钳由__________种零件装配而成，其中标准件__________种。

2. 装配体由四个图形表达，三个基本视图中主视图采用__________剖视、左视图采用__________剖视、俯视图采用__________剖视，另有一个图形为__________图。

3. 件 4 活动钳身依靠件__________带动它运动的，它与件 5 螺母通过件__________来固定，件 7 螺杆与件 10 圆环通过件__________连接。

4. 图中 ϕ18H8/f7 表示件__________与件__________的配合，为基__________制配合，配合性质为__________配合，在零件图上标注这一配合要求时，孔的标注是__________，轴的标注是__________。

5. 尺寸 0～70 的含义是什么？

6. 写出装配图的下列尺寸：安装尺寸有__________、__________；外形尺寸有__________、__________、__________。

7. 件 6 上的两个小孔起什么作用？

8. 件 7 的螺纹牙型是__________型，大径为__________，小径为__________，螺距为__________。

9. 简述此装配体的拆装顺序。

10. 拆画件 5 螺母的零件图。

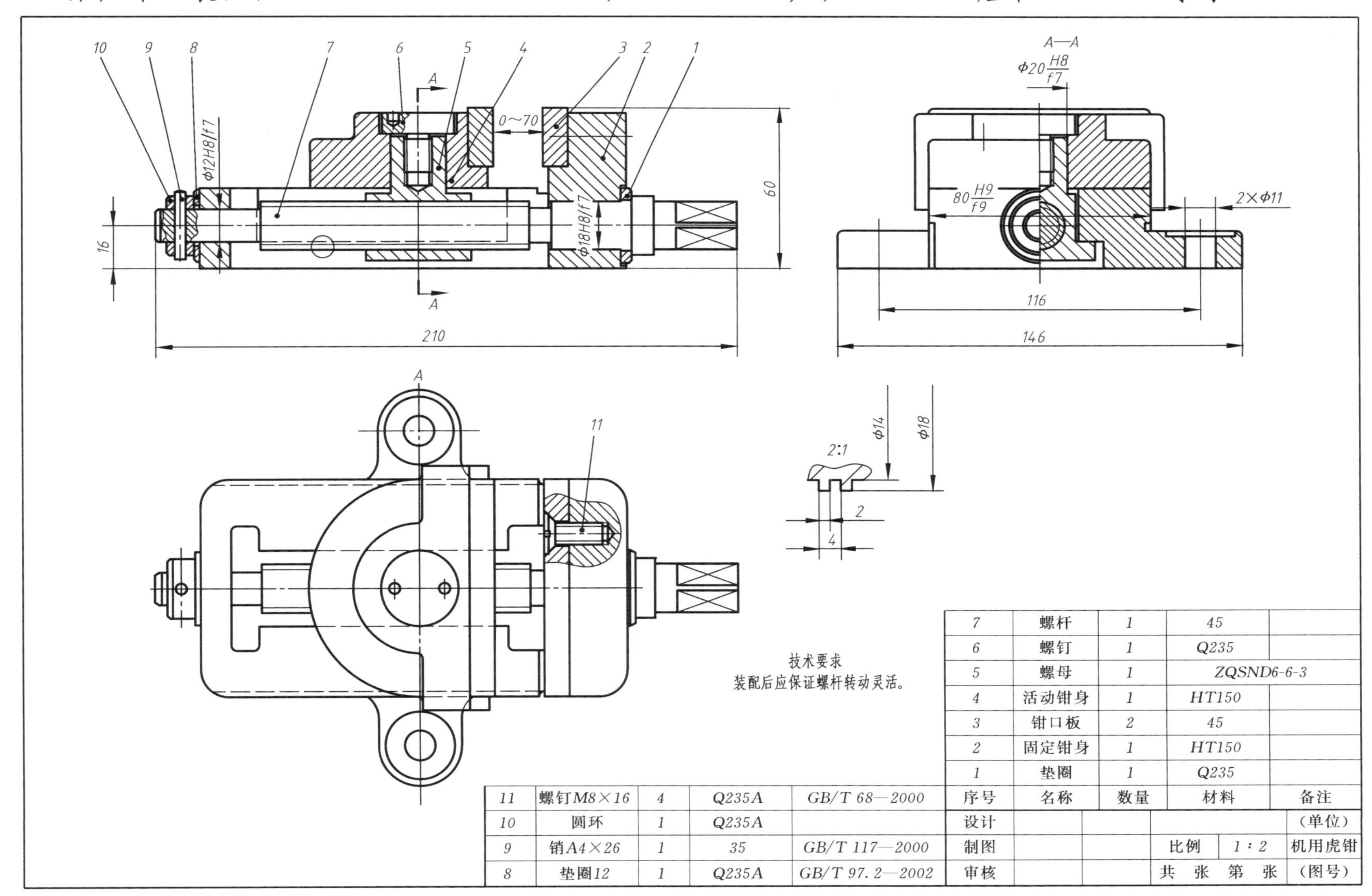

7	螺杆	1	45	
6	螺钉	1	Q235	
5	螺母	1	ZQSND6-6-3	
4	活动钳身	1	HT150	
3	钳口板	2	45	
2	固定钳身	1	HT150	
1	垫圈	1	Q235	
序号	名称	数量	材料	备注

11	螺钉M8×16	4	Q235A	GB/T 68—2000
10	圆环	1	Q235A	
9	销A4×26	1	35	GB/T 117—2000
8	垫圈12	1	Q235A	GB/T 97.2—2002

设计					(单位)
制图			比例	1∶2	机用虎钳
审核			共　张	第　张	(图号)

9.3 阅读装配图，回答问题并拆画零件图（二）

1. 铣刀头主视图采用__________剖视图，主视图的双点划线为__________（特殊）画法。左视图采用拆卸画法、__________剖视图和简化画法。

2. 件 5 带轮与件 1 轴通过件__________连接。

3. 如何实现座体 10 的密封？

4. 在配合尺寸 $\phi 28H8/k7$ 表示件__________与件__________的配合，该配合尺寸属于__________制__________配合。其中 28 是__________尺寸，H 表示__________，8 表示__________。

5. 写出装配图的下列尺寸：规格尺寸有__________、__________；安装尺寸有__________、__________、__________。

6. 简述此装配体的拆装顺序。

7. 拆画端盖 13 的零件图。

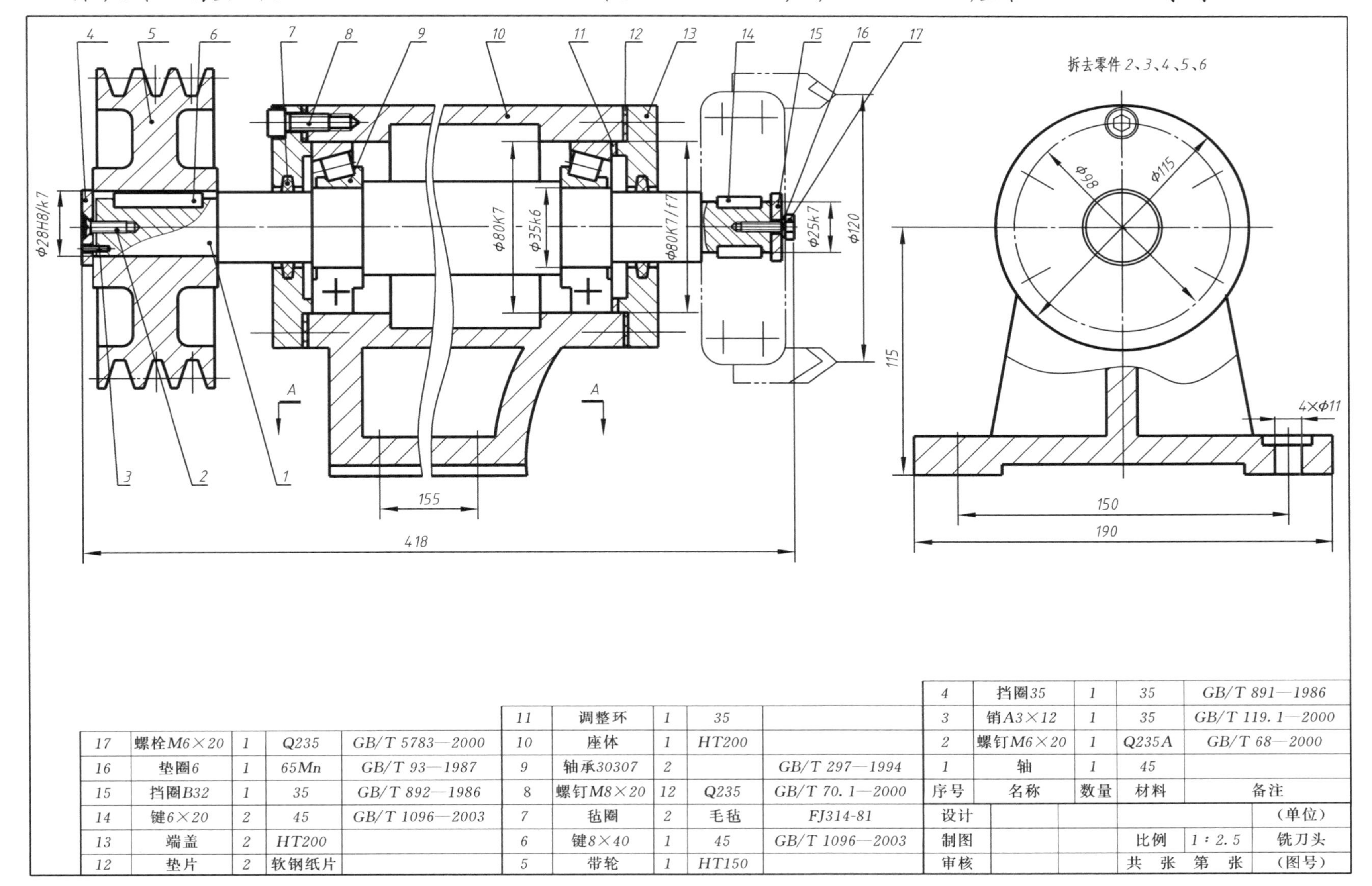

序号	名称	数量	材料	备注
17	螺栓M6×20	1	Q235	GB/T 5783—2000
16	垫圈6	1	65Mn	GB/T 93—1987
15	挡圈B32	1	35	GB/T 892—1986
14	键6×20	2	45	GB/T 1096—2003
13	端盖	2	HT200	
12	垫片	2	软钢纸片	
11	调整环	1	35	
10	座体	1	HT200	
9	轴承30307	2		GB/T 297—1994
8	螺钉M8×20	12	Q235	GB/T 70.1—2000
7	毡圈	2	毛毡	FJ314-81
6	键8×40	1	45	GB/T 1096—2003
5	带轮	1	HT150	
4	挡圈35	1	35	GB/T 891—1986
3	销A3×12	1	35	GB/T 119.1—2000
2	螺钉M6×20	1	Q235A	GB/T 68—2000
1	轴	1	45	

设计				(单位)
制图		比例	1:2.5	铣刀头
审核		共 张 第 张		(图号)

10.1 阅读换热器装配图，并回答问题

1. 从换热器明细栏中可知，该设备共编制了25个零部件编号。从设计数据表可知，设备工作压力为管程内0.5MPa，壳程内0.4MPa，工作温度为管程≤135℃，壳程≤32℃；设备壳程内物料为________，管程内物料为____________________；换热面积为________ m^2。

2. 设备中筒体内径为________ mm；换热管（件11）的长度为________ mm，壁厚为________ mm，共________根，图中画出________根；冷却器内共有弓形折流板________块，图中拉杆共________根，左端固定在左孔板上，右端用________个螺母锁紧；图中为耳式支座，支座安装孔的定位尺寸分别为________、________。

3. 绘图表示管程内流体的流动情况。

4. 绘图表示壳程内流体的流动情况。

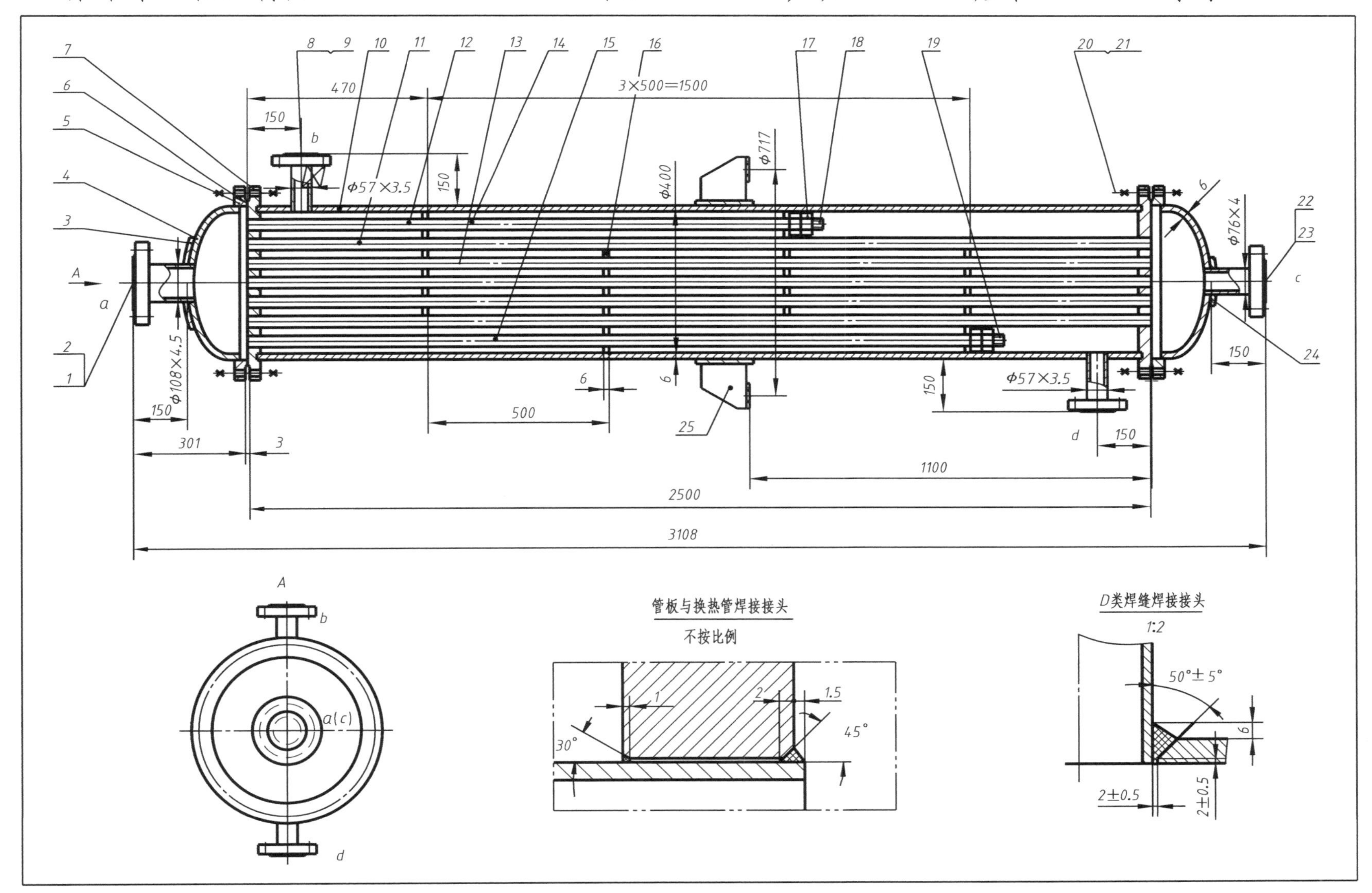

470
3×500=1500
150
b
φ57×3.5
150
φ717
φ400
φ76×4
φ108×4.5
A
a
c
d
500
6
150
301
3
1100
2500
3108
φ57×3.5
150
150
A
b
a(c)
d
管板与换热管焊接接头
不按比例
1
2
1.5
30°
45°
D类焊缝焊接接头
1:2
50°±5°
6
2±0.5
2±0.5

技术要求

1. 本设备按 GB 150—1998《钢制压力容器》和 GB 151—1989《钢制管壳式换热器》中的Ⅱ级进行制造、试验和验收。并接受《压力容器安全技术监察规程》的监督。

2. 换热管的标准为 GB 2270—1980，其外径偏差为 4。壁厚偏差为 5%。

3. 电焊，焊接工艺按 JB/T 4709—1992 标准要求，不锈钢之间采用 A132，不锈钢与碳钢之间采用 A302，碳钢之间为 J422。

4. 焊接接头型式及尺寸除图中注明外，其余按 HG 20583—1998 中规定，角焊腰高不小于薄壁厚度，法兰按相应法兰标准执行。

5. 管板密封面与壳体轴线垂直，其公差为 1mm。

6. 换热管和管板的连接采用电焊。

7. 设备制成后，进行水压试验，壳程为 0.5MPa，管程为 0.625MPa。

8. 设备油漆按 JB 2536—1980 要求执行，除不锈钢外，其余涂防锈漆。

技术特性表

名称	壳程	管程
设计压力/MPa	0.4	0.5
最高工作压力/MPa	0.4	0.5
设计温度/℃	35	135
最高工作温度/℃	<32	135
工作介质	冷却水	乙烯基异丁醚，异丁醇等
换热面积/m^2	15.7	
容器类别	Ⅰ类	

管口表

符号	公称尺寸	连接尺寸及标准	密封型式	用途
a	100	HG 20593—1997 PN1.0 DN100	RF	进气口
b	50	HG 20593—1997 PN1.0 DN50	RF	出水口
c	70	HG 20593—1997 PN1.0 DN70	RF	出液口
d	50	HG 20593—1997 PN1.0 DN50	RF	进水口

序号	名称	数量	材料	备注
25	耳座BN3	4	Q235-A	JB/T 4725—1992
24	补强圈DN80×6	1	1Gr18Ni9Ti	JB/T 4736—2002
23	法兰PL70-1.0RF	1	1Gr18Ni9Ti	HG 20593—1997
22	接管φ76×4 L=153	1	1Gr18Ni9Ti	
21	螺柱M16×130	80	Q235-A	GB/T 897—1988
20	螺母M16	80	Q235-A	GB/T 6170—2000
19	拉杆Ⅱφ12 L=2060	3	20	MH6-4
18	拉杆Ⅰφ12 L=1560	1	20	MH6-4
17	螺母 M12	8	Q235-A	GB/T 6170—2000
16	拆流板 δ=6	4	Q235-A	MH6-3
15	定距管Ⅳφ25×3 L=964	1	20	
14	定距管Ⅲφ25×3 L=994	2	20	
13	定距管Ⅱφ25×3 L=494	6	20	
12	定距管Ⅰφ25×3 L=464	3	20	
11	换热管φ25×2.5 L=2503	89	1Gr18Ni9Ti	
10	筒体DN400×6	1	Q235-A	
9	法兰PL50-1.0 RF	2	A3	HG 20593—1997
8	接管φ57×3.5	2	20	
7	孔板δ=36	2	1Gr18Ni9Ti	MH6-2
6	垫片δ=3	2	1 橡胶石棉	JB 1162—1982
5	法兰板δ=36	2	1Gr18Ni9Ti	MH6-1
4	EHA 400×6	2	1Gr18Ni9Ti	JB/T 4746—2002
3	补强圈 DN100×6	1	1Gr18Ni9Ti	JB/T 4736—2002
2	法兰 PL100-1.0RF	1	1Gr18Ni9Ti	HG 20593—1997
1	接管φ108×4.5	1	1Gr18Ni9Ti	

设计				（单位）
制图			比例 1∶10	换热器
审核			共 张 第 张	

10.2 阅读甲醇回收工艺施工流程图，并回答问题

1. 叙述主要物料的工艺流程线。

2. 叙述辅助物料的工艺流程线。

3. 说明管道代号 PL1007-ϕ25×2.5B 的含义。

4. 说明仪表位号 TRC/1002 含义。

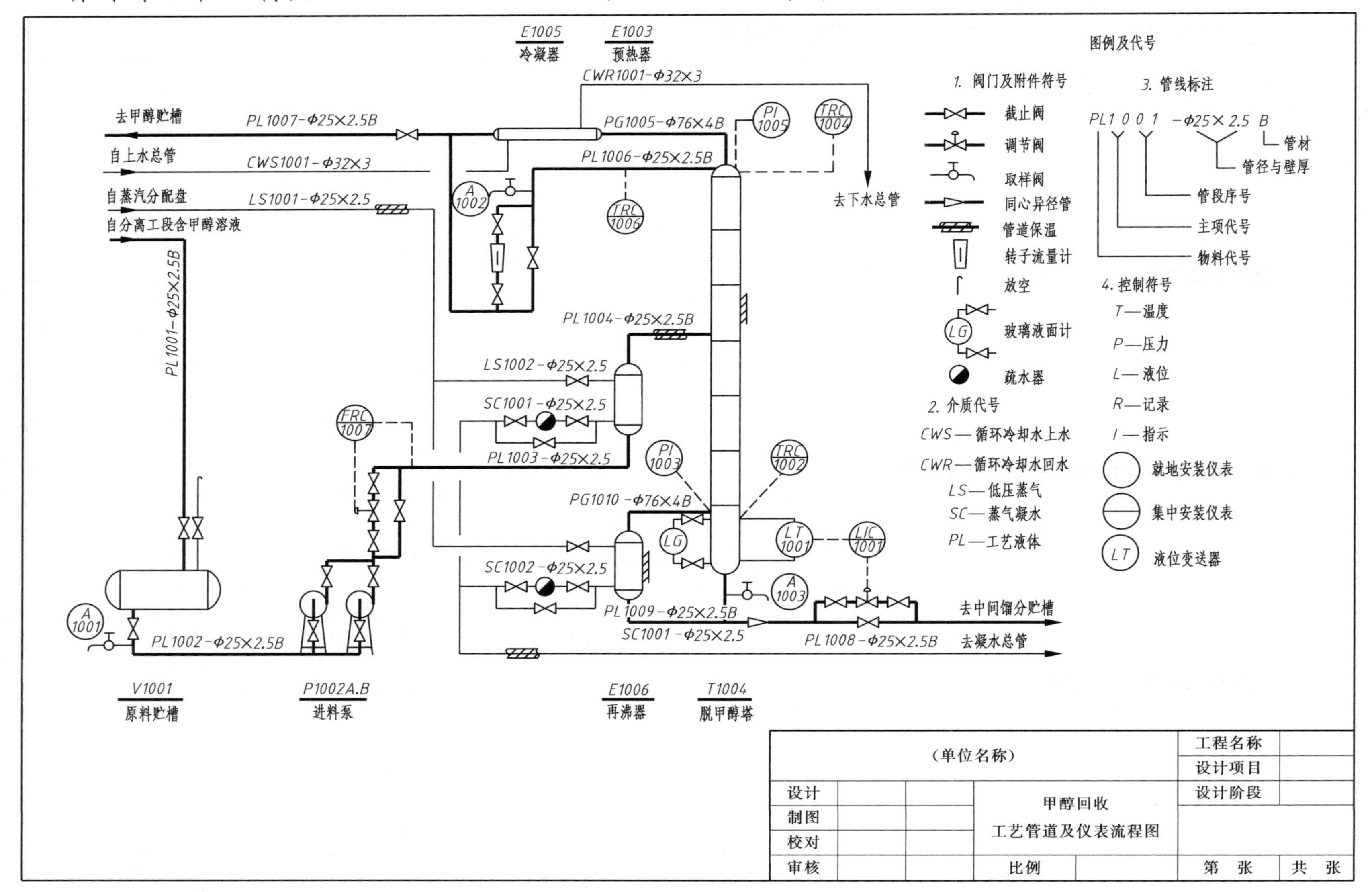

（单位名称）				工程名称	
				设计项目	
设计			甲醇回收 工艺管道及仪表流程图	设计阶段	
制图					
校对					
审核			比例	第　张	共　张

10.3 阅读甲醇回收工段设备布置图，并回答问题

1. 概括了解。

由标题栏可知，该图为甲醇回收工段设备布置图。图中有________个平面图（分别是________、________、________、________、________），一个________图。

2. 了解建筑物的结构和尺寸。

通过设备布置图的阅读，了解设备与建筑物、设备与设备的相对位置。设备的平面定位尺寸基准一般是建筑________，高度方向的尺寸基准一般是厂房________。该厂房为________层，一层标高为________，二层标高为________，三层标高为________。

3. 看平面图和剖视图。

按不同标高，用平面图表示设备在不同平面上的布置情况。

在 EL±0.000 平面上，安装________、________、________、________及________两台________；在 EL5.000 平面上，安装有________、________和________，在 EL10.000 平面上，安装有________；在 EL15.000 平面上，安装有________、________。

从设备布置平面图知，本系统室内的精馏塔 T1004 布置在距 *B* 轴________ mm，距 3 轴________ mm 处。

从平面图和剖视图可知，各设备的轮廓用________线表示，建筑物及构件的轮廓用________线表示。

4. 原料贮槽 V1001 的基础顶面标高为________ m，冷凝器 E1005 的主轴中心线标高为________ m。

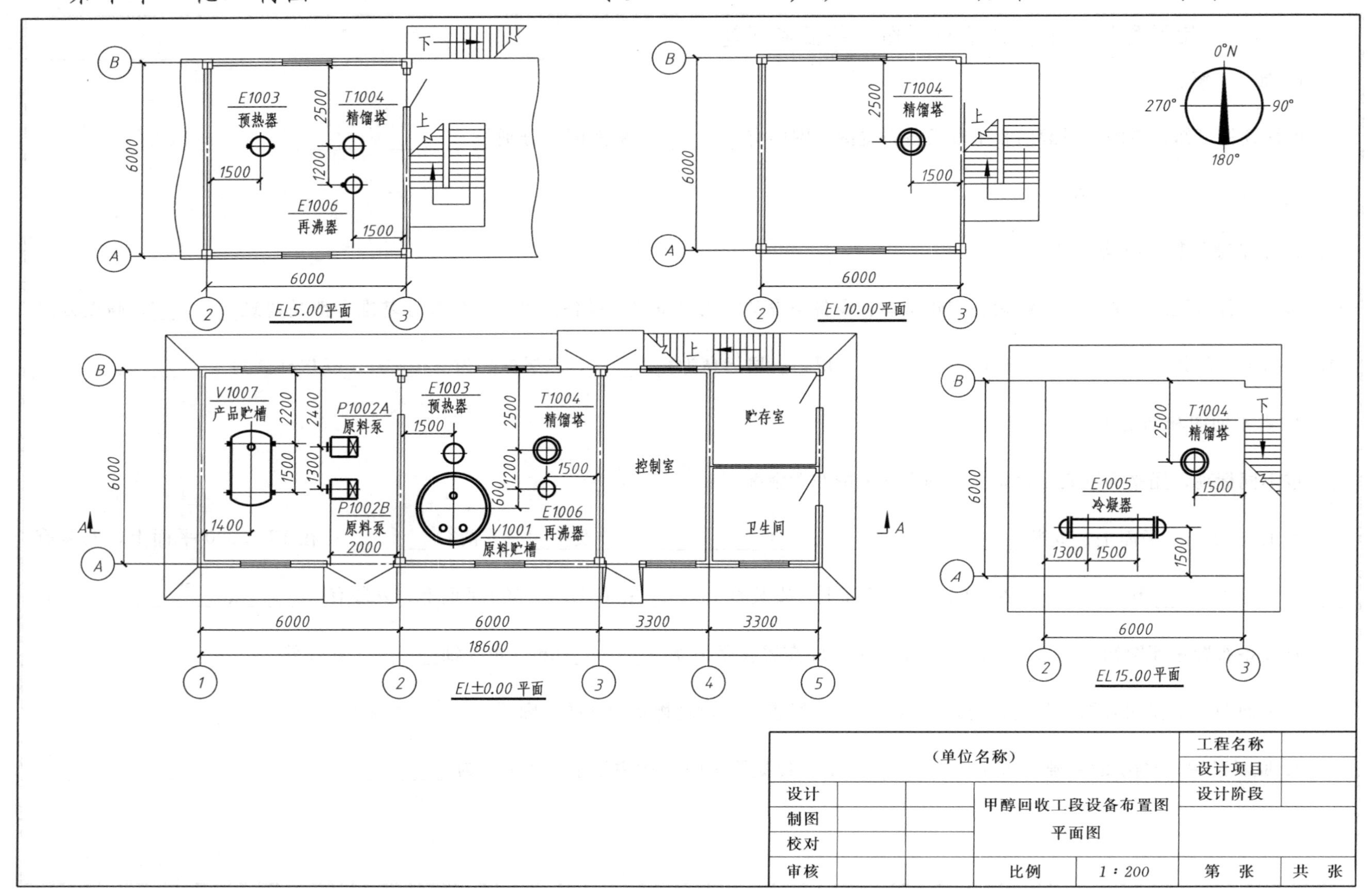

EL5.00平面
E1003
预热器
T1004
精馏塔
E1006
再沸器
EL10.00平面
0°N
90°
180°
270°
EL±0.00 平面
V1007
产品贮槽
P1002A
原料泵
P1002B
原料泵
V1001
原料贮槽
控制室
贮存室
卫生间
EL15.00平面
E1005
冷凝器
(单位名称)
工程名称
设计项目
设计阶段
设计
制图
校对
审核
甲醇回收工段设备布置图
平面图
比例
1∶200
第 张
共 张

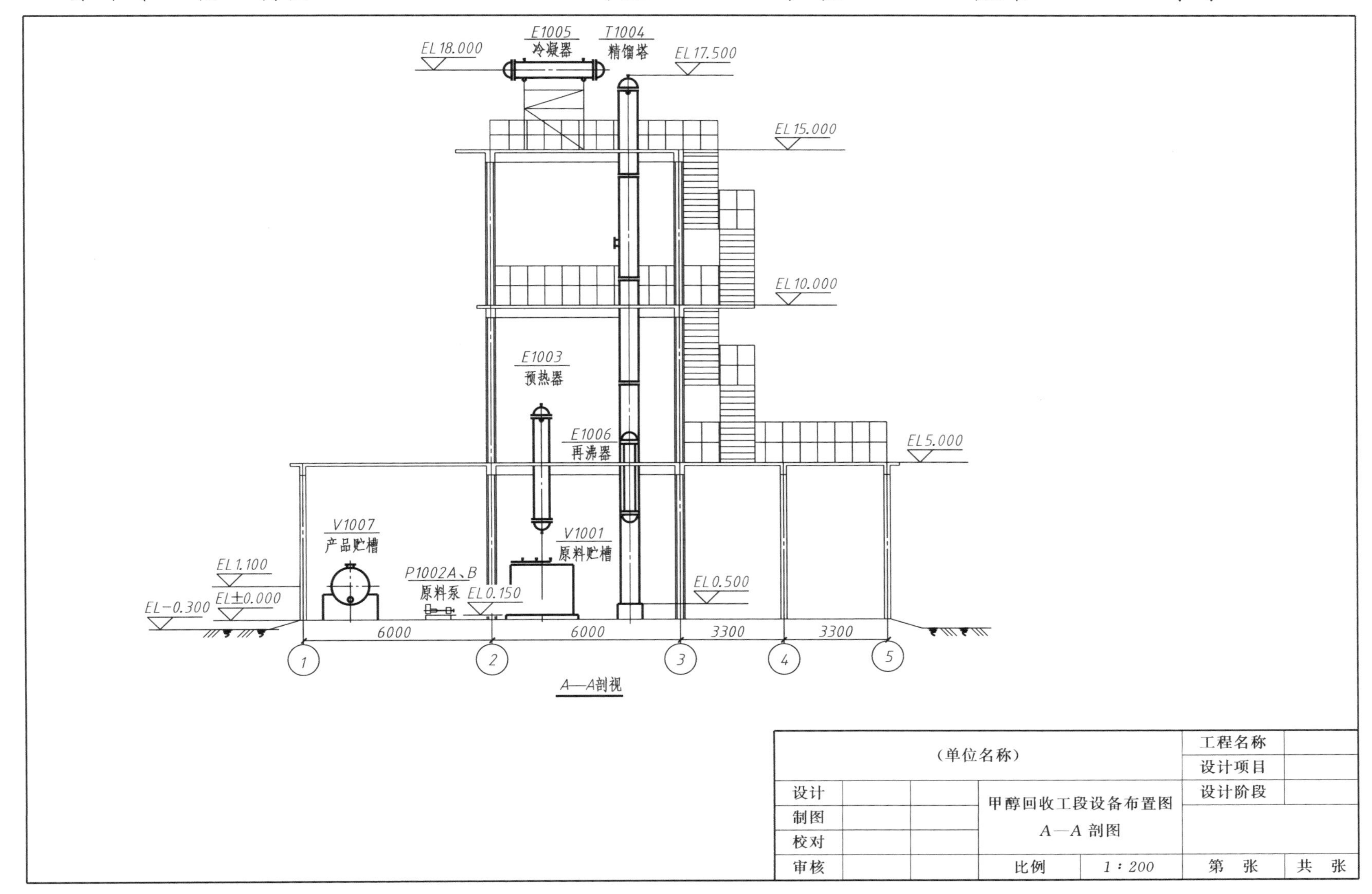
E1005
冷凝器
T1004
精馏塔
EL 18.000
EL 17.500
EL 15.000
EL 10.000
E1003
预热器
E1006
再沸器
EL 5.000
V1007
产品贮槽
V1001
原料贮槽
EL 1.100
EL±0.000
EL-0.300
P1002A、B
原料泵
EL 0.150
EL 0.500
6000
6000
3300
3300
1
2
3
4
5
A—A剖视
(单位名称)
工程名称
设计项目
设计阶段
设计
制图
校对
审核
甲醇回收工段设备布置图
A—A 剖图
比例
1：200
第 张
共 张

参考文献

[1] 吴战国. 工程制图习题集. 北京：高等教育出版社，2013.

[2] 刘力. 机械制图习题集. 第 2 版. 北京：高等教育出版社，2013.

[3] 方礼龙. 工程制图习题集. 第 3 版. 北京：化学工业出版社，2005.